これからのJA強化書

伊藤 喜代次

未来志向の組織づくりのヒント

家の光協会

はしがき――共同から協同、そして協働へ

私たち人間は、つねに未来志向で生きています。人間を構成員とする組織も未来志向です。人も組織も、明日を考え、成長を望み、正直に誠実に行動し、経済社会の成長に寄与し、貢献しています。

私はコンサルタントとしてＪＡ組織をはじめ、地方の企業や組織の経営支援やサポート、従業員の教育や研修を三五年行ってきました。ＪＡでのコンサルティングでは、協同組織の特性や強みを活かす事業体制の整備を、教育研修では自ら考えて行動を起こす人づくりを中心に行ってきました。もちろん、ビジネスに関する基本の知識やスキルの学習と事業への応用は最優先です。幸い、経営が悪化したり、問題が深刻化したりした例は一件もありませんし、教育研修ではＪＡ関係者から評価をいただきました。

ＪＡの役職員は、管内地域に住み、毎日のように組合員と顔を合わせ、会話をし、笑い涙して生活をしています。この組合員とＪＡ役職員の親密性は、職員の行動に大きな影響や成長をもたらします。ＪＡは、その〝仕掛け〟を組織に内包しています。私はコンサルティングに関わるなかで、ＪＡのこうしたみえにくいものを顕在化させ、組織活動や事業活動に活用することで生じるプラスの連鎖、相互影響を確認してきました。ＪＡ組織の大きな特性は、役職員が地域と密接に関わりをもつとともに、農業という産業を基本事業に据えていること。そして、

メンバーシップ（メンバーであることの社会的、倫理的な行動理念と行動）の組織であることです。これが会社組織と大きく異なります。

前向きに農業経営に取り組む経営者は、役職員の小さなヒントやアドバイスによって経営力が向上し、ＪＡとの生涯の信頼関係につながっています。それが、他の農家へも影響し、ＪＡの経済事業だけでなく、信用・共済事業にもプラス効果が生じるのは、個別の取引状況を精査すれば明白です。このプラスの連鎖は、職員の仕事に向かう創造的な姿勢や行動、いわゆるサービスの品質がその成果を生むのです。それが、最小コストで事業拡大につながるのですから、すばらしいの一語につきます。この特性、連鎖の組織的な広がりは、他の企業にはまったく真似のできないＪＡのビジネス上の強みです。それなのに、一部のＪＡでは職員に貯金推進、共済推進、資材推進など、縦割りでパンフレットを持たせ、セールスに走らせています。このことに疑問を感じているのは私だけではないでしょう。中堅・若手の職員は幅広く事業を進める高い企画力や行動力をもっています。それを活かす職場をつくり、特性や強みに自信と確信をもって主体的に行動できる組織に変革していきたいものです。

ところで、この五年あまり、マスコミを賑わす政治家、行政組織、民間企業の悪質な不祥事、反社会的で非道徳的な事件は後を絶たず、不快極まる出来事にうんざりする日々です。しかも、犯罪的な行為や不祥事に、詭弁を弄したり、嘘を上塗りし、ごまかし、責任逃れなど、同じ日本人とは考えたくない思いです。これが、GDP（国内総生産）世界第三位の経済大国でしょうか。でも、国民一人当たりのGDPでは世界二五位、国連の世界幸福度ランキングで日本は五八位、貧困率も先進国では上位、消費は増えず、財政悪化が進行し、経済政策は手詰まり状態、将来の不安ばかりが増幅しています。

二〇世紀の最大の過ちである第二次世界大戦での敗北によって、日本社会は民主国家として平等で公正で平和な社会を希求し、経済成長を重ねてきました。日本の成長を支えた人材は、農村社会で生まれ育った勤勉で、正直で、真面目な人たちでした。世界から評価された「日本的経営」は、有能な経営者の存在と、優秀で真面目かつ勤勉な働き手の存在が、終身雇用や品質管理などを中心とした日本型経営の仕組みづくりを可能にしたと考えています。また、働く人の知恵やアイデアを集め、より品質の高い商品の開発を実現し、日本企業の製品や技術を世界トップレベルにまで押し上げ、成長を支えたのも同じ働き手です。

この五年あまりの政治リーダーには、過ちへの反省もなく、勤勉に働いた人々への敬いもなく、平等で公正で平和な社会を取り壊しつつあります。競争優先を謳う新自由主義が、経済的にも社会的にも、格差と歪みを広げ、新たな貧困を生み出す動きへと進んでいます。

こうした動きの先には何があるのでしょうか。私は、協同組織や非営利セクターの存在がこれまで以上に必要とされる社会がやってくると思っています。現在でも、行政がカバーできない福祉や教育などの活動を非営利セクターが担っていますし、行政が手に余る農業関係の仕事がＪＡに押しつけられています。地域の農業者や商工業者など小規模で家族的な事業を営む人たちにとって、限られた資源を分け合い、助け合いながら生きていく拠り所となる協同組織の存在は、精神的文化的な豊かさをも提供する場と機会になると考えています。だからこそ、政府や経済界の一部の圧力に屈してはいけない、自信をもって、将来をみすえ、未来志向で、協同組織の理念と、参加型の事業の本来のあり方を追求していくときだと考えます。

さて、未来志向の組織、協同組織であるＪＡは、これからの時代や社会の変化を見通し、必要とされる組織価値を提起していくことが求められます。経済や社会のシステムが劣化・陳腐化し、暮らしのリスクが増大していくなかで、限られた地域社会のなかで評価される「共同」「協同」、そして「協働」。人間の本来的で原理的な助け合いの「共同」は、理念と思想をもった「協同」による事業や組織活動へと発展し、人と人の間で互いに良さ、アイデア、エネルギーを引き出し合う「協働」へと昇華することで、創造的な生産や暮らしを実現する可能性をもっていると思います。

「協働」は、お互いの存在を認め合い、対等な立場で、それぞれがもっている良さや能力を引き出し合う積極的で前向きなものです。人と人の間で、組織と組織の間で行われる創造性豊かな「協働」には期待大です。「協働」は男性や女性といった性別、年齢や職業などの違いに関係なく、互いの信頼と能力の認知を前提に、「かけ算」する関係性から生まれる知恵やアイデア、ハウツウを活かしていくことです。もちろん、企業組織や行政組織と協同組織との関係においても、職種や規模、組織の形態に関わりなく、お互いの組織の良さや強みをかけ算していく「協働」のネットワークには大いに期待したいと思います。

二〇世紀の半ばに誕生した農業協同組合は、農業の生産力の向上と農民の経済的社会的地位の向上をめざした理念をもった組織です。しかし、いまの三〇代よりも若い職員に、農協運動や農政運動といった言葉を理解してもらうのは至難な話で、しかも、彼らのなかで農家で育った職員は少数派になりつつあります。

そこで、本書では、コンサルティングや教育研修の現場から学んだことをもとに、三つのキーワードで、ただちに実践してほしいことを提案しています。一つは、JA自身がもっている強みや特性（Strength）を徹底して伸ばし、活かすことです。二つは、JAの特徴的なサービスとそれを高め、伸ばすマーケティング（Service Marketing）、三つには、互いの成長と能力を高めて現場を活かす組織のあり方（Empowerment）を提案しています。

JAは、地域内で競争して勝つことをめざす事業組織ではありません。勝つことよりも負けない事業を行うのです。競争ではなく、切磋琢磨する競合を意識し、JA自身に足りないものに気づき、協同の輪を広げることでシェアを高めるのです。

国際連合は二〇一二年を国際協同組合年とし、協同組合の社会経済的発展への貢献が国際的に認められ、持続可能な開発・貧困根絶・仕事の創出・社会的統合に果たす役割が着目されました。それから四年後の二〇一六年には、ユネスコが「協同組合において共通の利益を形にするという思想と実践」を無形文化遺産として登録を決定しました。また、国連は二〇一四年を「国際家族農業年」とし、二〇一九年からは「家族農業の一〇年」をスタートしています。農場の運営のすべてを家族で営む農業は、世界の食料の八割を生産しています。今後予測される世界的な飢餓と貧困の撲滅のために、ＩＣＴ（information and communication technology＝情報通信技術）やＡＩ（artificial intelligence＝人工知能）などの活用による生産技術の進化と、持続可能な家族農業の育成を世界に宣言しているのです。

日本の政府や経済界の考え方とは逆行する国際的な動きが進行しているのです。いま、日本の食を支えてきた小農の家族農業に対して、また、ＪＡ組織などの協同組合に対しては、強烈な追い風が吹いています。この追い風は偶然ではなく、現在の世界の経済・社会の状況をふまえ、将来に備えて提示された課題です。ＪＡの役職員は自信と誇りをもって、目一杯に帆を張り、追い風をしっかり捉えて、組織や事業活動を展開しなければなりません。

アフリカには、つぎのようなことわざがあります。

"If you want to go fast, go alone. If you want to go far, go together."

意訳すると「早く行きたいなら、一人で行きなさい。でも、遠くへ行きたいなら、みんなと一緒に行きなさい。」急いで行きたいと思うなら、一人で行ったほうがいい。でも、遠くまで行こうと思ったら、人を募ってみんなで行くほうがいい。食料や道具を持ち寄って、道中の危険な動物との遭遇や薬の知識のある人も同行してもらえれば安心です。目的地に着くのは遅れますが、ずっと遠くまで、みんなが安全に安心して行くことができます。これからは、知恵を出し合い、力を出し合い、みんなで考えて障害を越える、協働の道をしっかりと歩むことです。

そして、組合員にもメンバーシップについての自覚を促すとともに、組織・事業活動に対しての理解と協力を得る組織との関係性をつくることへの地道な努力が大切です。これからの協同組織を考えるうえでは、このメンバーシップの組織の品質向上と事業組織のクオリティを高めていくことは、長期プログラムのなかに組み入れる課題であるといえます。

最後に、本書の執筆に当たって、ご協力いただいたＪＡおよび役職員のみなさんにお礼を申し上げます。個別具体的なコンサルティングの事例や数値的な成果を紹介できませんでしたが、未来志向の組織が各地に誕生していることは心強い限りで、微力ながらお手伝いできたことに感謝したいと思います。そして、本書の出版に際して、お力を貸していただいた家の光協会と関係者のみなさまにもお礼を申し上げます。

二〇一九年三月

伊藤　喜代次

これからのＪＡ強化書　未来志向の組織づくりのヒント　●もくじ●

注　本文中、組織づくりのヒントと考えられるところを強調するため、太字にしています。

序章にかえて

■JAの職場文化改革
——わかりやすい文章とコミュニケーションと会議

本書は三つの章で、三つのキーワードを中心にまとめていきます。これはちょっと冒険的な話で、少し無理があるかな、と正直心配です。でも、私のいつもの口癖は、「そのテーマは三つの視点で考えてみましょう!」とか「計画などをつくる場合は、何項目もあげてみても、実際、やらないことが多いので、できること、やれることを三項目にまとめましょう!」というように、三項目主義で仕事をしてきました。本書もそんな趣旨を活かしたまとめ方を考えています。

唐突な話ですが、ものごとを考える際に、**三つの視点で考える、三項目にまとめてみる**、という考え方は、長年、調査やコンサルティングをしてきて行き着いた勝手な私の定説です。三つに分ける理由は、わかりやすく、理解が早く、覚えやすいためです。また、人間の好感度が高い数字は「三」と「七」といわれていますから、受け入れてもらいやすいわけです。

三項目に絞り込むという発想ではなく、三項目の優先事項にまとめてみる、三つのキーワードに交換して話す、と考えてもらうほうがいいでしょう。それだけで、説明や提案内容に訴える力が増します。短い時間で的確な意見表明を可能にします。ちなみに、私たちが普段のスピードで話すとすれば、**一分間に話す文字数はだいたい三二〇文字くらい**といわれています。

一分間でも、かなり論理的に整理して話ができるのです。一分間で自分の意見を話す訓練は、JAの役職員に必要です。長くても三分間だとして、およそ一〇〇〇文字ですから、一度、原稿の作成をしてみることをお薦めします。ぶっつけ本番のような挨拶は、三分をはるかに超え、聞く側には辛い話しか記憶に残らない、という事態も考えられます。

さて、三つに分ける、整理することについて、例をあげれば、計画の策定において、主要項目を三つ掲げ、それぞれの項目に重点項目を三つずつあげてみる、さらに、重点項目ごとに三項目の具体的実践項目を並べれば、論理的にも理解しやすく、木の枝葉を横にした形状ができ、見栄えのする計画になります。これを、ロジックツリー（樹木状の論理的整理）といい、課題解決の方法としてよく活用されるツールです。三つを意識して構成する文章、項目の整理、重点思考、論点整理など、三つで考えることは、身近に使えるツールだといえます。以前、〝三つにまとめるルール〟という本もあったほどです。

ついでながら、仕事の課題や問題を急ぎ整理して検討する思考の枠組み、セオリーに「ABC分析」があります。これは、課題や問題を三つに分けて考えてみる思考法で、頻繁に活用できる便利な考え方です。第一章で紹介します。

いずれにしても、人前で話す場合でも、あれこれ話そうとすると長くなって、意味不明な発言になりがちですから、話をする前に、重要なポイントとして考えられる三つの項目、もしくは課題を取り出し、三点に優先順位をつけてメモしておくことです。

ＪＡの役員のなかには、話が長い人が多いように思います。長くても三分までで、それ以上話しても、なかなか聞いてもらえませんので、話の内容を三つに整理して、「重要な三点についてお話しします」とすれば、職員の話を聞く態度が一変します。そして、原稿をつくることをお薦めします。とにかく、会議前の挨拶が三分以上も続くと、会議参加者のモチベーションは急降下してしまいます（長くなりそうなときは、話の最初にその旨をアナウンスしておくことです）。

ＪＡの会議は長いです。その対策は、①会議の進行役が、最初に終了予定時間を告げる、一人が話をする時間についてルール化する（質問、意見は三分以内で、多くの人の発言を重視する）、②事前に資料を配付して読んできてもらう、③会議時間を毎回記録してＪＡ内のすべての会議時間を公表する、といった対策を講じると、長い会議は間違いなく改善されます。民間企業では、会議時間を最大九〇分と決める傾向がありますが、九〇分で終わらせるために参加者が集中して話し合うといったルールをつくっています。

協同組合だから、じっくりと議論することも大事です。しかし、会議をスムーズに運営するための方法やルールをつくったり、事前の準備などをお願いすることも重要です。時は金なり。**人と時間は失うと取り戻せない経営資源**です。善し悪しは別にして、会議ごとに、出席する職員の時給を足して、金額を計算してみてください。ゾッとしますよ。とにかく、数字に置き換える、数値化することで、ものごとは動き出します。

■「自己改革」は職場改革、職員の行動改革から
――JAの経営者・管理者への三つのお願い

三五年以上にわたってJAのコンサルティングや研修を行ってきて、たくさんの役職員とお付き合いし、観察をしてきました。そこで、考えさせられたこと、気づかされたことのなかで、とくに、JAの経営者や管理職にお願いしたい〝職員に関する三つのこと〟を書きたいと思います。

私は、現在、JAが懸命に取り組んでいる「自己改革」の成否を左右するのは、JAの職員の行動の変化、職場の環境の変化、経営者や管理職の姿勢の変化の三つの変化が行われるかどうかにかかっていると思っています。

① もっと職員を大事にして、話を聞いてあげてください！

「大事」にしてほしいとは、職員を可愛がることではありませんし、たくさんの給料をあげるということでもありません。「大事」とは、辞書にある通り、価値あるもの、かけがえのないものと理解して、対等な立場（同じ目線の高さ）で接し、彼らの思いやアイデアについて話を聞いてあげて、育ててほしいということです。もちろん、職員の年齢や性別、経験に関わらずに。

JAは協同組織であり、人の組織です。組合員のメンバー組織ですから、職員はメンバーに

対して最大のサービスを提供することが求められます。だからといって、職員はサーバント（召使い）ではありません。組合員と職員の関係は「生涯のパートナー」であるべきだと考えています。いわば、対等な人間関係のうえに、望ましいパートナーシップ（関係性や関係力）の構築が大切です。

②「動かす」ことよりも、自ら「動く」職員を育ててほしい！

「職員を動かす」「組織を動かす」ことが管理職の仕事と考え、強いリーダーシップの発揮、的確な指示・命令、指導による部下育成が管理職の役割と考えることを少し改めてほしいのです。「職員が動く」にはどうしたらいいか、「組織が動く」ようにするには、管理職として何をすべきかを考え、行動するのが管理職の仕事であると考えることです。現状のままでは、定型型の業務を遂行するだけの職員ばかりになってしまいます。どんな意見やアイデアでも真剣に聞いてあげる、肯定し、承認してあげる努力をお願いしたい。そのためのポイントは、どんな意見でも否定しないことです。否定されないことがわかると自分の意見や考えを話すようになります。

ビジネスでは、いや、現代社会では、どんな問題でも、どんな場面であっても、「絶対的な正解」は存在しないのです。

③「楽しい」職場をつくるために最大の努力を！

私の印象としてＪＡの職場は、総じて暗く、元気がなく、物静かだと感じています。これは、職場長や管理者に負うところが大きいといえます。

物理的な明るさ、照度をあげることも必要ですが（一〇〇〇ルクス以上がＪＩＳ規格）、朝の挨拶から接客対応、職員同士の会話や行動に至るまで、とにかく明るく元気で健康的な職場をつくるために、工夫と努力をしてほしいのです。自分たちにそのアイデアがないなら、職員に「お願い」をすることです。

第一章

JAの〝強み〟を伸ばし、活かす

Strength

■誰のための自己改革か、何を目標とするのか
――五年後、一〇年後、どうなっていたいか？

ＪＡグループの自己改革が本格始動しています。農協法の改正をはじめ、政府が示したＪＡの組織・事業・経営に関わる方針について、「農協は重大な危機感をもって」「政府の方針に即した自己改革を実行するように強く要請する」と閣議決定されたのですから、押しつけられたものと考えるのが至当でしょう。

でも、ＪＡは自ら改革を行わなければいけない事態が進行していたという事情があったことも事実です。当初、ＪＡのなかには、戸惑いながら、上部指導機関の方針に従い、改革の取組みに向けた計画策定をすればいいのではないか、と考えていたところもあったように思います。しかし、時間の経過とともに、危機感が広がり、組合員の意向や期待に耳目《じもく》を向け、まずは、政府が定めた「農協改革集中推進期間」において、自己改革に取り組む動きが加速したように思われます。押しつけられた改革ではなく、ＪＡ自らの意志で、明確な改革目標を定め、その達成に向けて取り組んでほしいと思います。

ただ、そこで考えなければならないテーマは、誰のための自己改革か、ということです。私は、組合員の農業経営の安定や持続的な成長に寄与するものでなければならない、目標や成果も、地域の農業や農業経営、組合員・利用者の暮らしの充実と改善への事業サービス、利便性

と質的向上、安心感につながるもの、そして地域社会への貢献的な活動の進化、と考えています。

私がコンサルティングや長期の研修を行っているＪＡにおいては、政府の要請が閣議決定される四、五年前から、農業改革に取り組み、農業経営の安定と成長をめざし、暮らしの充実と改善のための事業・経営改革の実践のために、長期戦略の策定と組織合意を図り、実践してきたＪＡがあります。

たとえば、群馬県のＪＡ邑楽館林《おうらたてばやし》では、三〇代の職員を中心としたプロジェクトチームに対して、集中的なビジネス能力開発研修を行い、調査設計を一緒に考え、職員自らが調査を実施、データを分析して、一〇年後を目標とする「新・農業ビジョン」の策定を行いました。また、同様のプロジェクトチームが、将来の経営環境の変化を見越して、支店等の実態調査、競合先調査などを実施し、事業施設の再編整備を中心とする一〇年後の「店づくりビジョン」を策定したのです。

そして、この二つのビジョンは、各組合員組織レベルにおいて組織討議を重ねてもらい、組織合意を図りました。そして、最終的には、臨時総代会を開催して決定したのです。この「新・農業ビジョン」と「店づくりビジョン」は、直ちに取組みをスタートさせ、高い成果をあげています。一年後には、職員を中心とする「人づくりビジョン」も策定し、総代会で決定して、取り組んでいます。

ちなみに、「店づくりビジョン」については、一年半後に、支店を再編統合して新たな店舗を建設し、オープンしています。この新しい支店店舗は、三〇代の職員によるプロジェクトチームが中心となって、店舗の基本戦略、設計のコンセプトを作成し、店舗フロアのレイアウトなども自分たちで検討して、コンペ方式で建設しています。まさに、中堅職員手づくりの店舗づくりを実現しているのです。同JAの成果と実績については、後述したいと思います。

ここで注意していただきたいのは、JAにとって必要な改革を優先していないことです。自己改革の目的は、JAが生き残るためでも、役職員のための改革でもありません。その目的は、組合員の営農や生活への確かな効果、地域の農業振興も含めて、農業経営の収入や所得増加は当然のことながら、農業経営の永続的な成長と安定性の向上をめざしていることです。また、支店や施設の再編整備においても、組合員や利用者へのサービスのクオリティを高めること、そして、利便性の向上を最優先にかかげて取り組んでいることです。施設の再編はJAにとって経営的にプラスに働くことは間違いありませんが、JAの独り相撲のような改革は、組合員の理解を得られないばかりか、結果的に、組合員の利用を後退させる危険を孕んでいることを認識しなければなりません。組合員から感謝される再編整備が大きな目的ですし、コンサルティングを行う立場から、役職員とともに「一人たりとも組合員を失わない」というスローガンを守るための対策を講じながら取り組んできています。

■「特性」発揮を最優先に経営資源の再配置を——七つの経営資源を有効に活用する方法

最近、ＪＡの役職員と接して気になることがあります。それは、将来に対する悲観的な考えや不安感が強いことです。農協改革とか自己改革とか、ＪＡの周囲には、改革の文字が氾濫し、政府はマスコミを動員して岩盤規制の権化となりＪＡを批判し、日本農業をダメにした当事者にしています。事業の伸び悩みや収益性の低下など、ＪＡの将来を難しくする情報ばかりが流れていて、職員が自信や確信をもって仕事に向き合うことができにくくなっています。

ＪＡのコンサルティングを通じていえることは、ＪＡは政府のいう岩盤規制の上にあぐらをかき、農業振興に手抜きをし、農家には不条理な要求を押しつけているなどの批判が当たらないことはいうまでもありませんが、政府やマスコミのＪＡ批判は、職員の前向きな仕事への意欲を削いでいることは間違いありません。それがＪＡの将来に対するネガティブな思考や消極的な行動につながっているように感じます。しかし、ＪＡの役職員にとって、もっとも優先して考えるべきは、組合員の営農や暮らしであり、地域の農業をどう守り発展させるか、どのように農業の経営力を高め、永続的な成長性をいかに確保するかを考え、役職員がどのように行動するかです。そして組合員や地域のみなさんのなかに飛び込んで、ＪＡ自らの道を切り開くという王道をしっかり歩むことです。さらにアンケートだけに頼らず、組合員の率直な意見や提案を聞き出してくることです。

ＪＡは経営体で、未来志向の組織です。常に前向きな発想と行動を必要とし、未来に向かっています。経営はポジティブなものだからこそ、変革もイノベーション（革新）も生まれるのです。ですから、優先すべきは、組合員や地域のみなさんに共感し、理解してもらえるＪＡの将来の姿と組織価値を提示することです。

ＪＡに限らず、すべての企業・組織は、**図1−1**にあるような七つの経営資源をもち、それを有効に活用して経営を行っています。七つの経営資源とは、人的資源（組合員・顧客・役職員）、物的資源（店舗・土地・施設・商品）、経済的資源（資金・投資）、情報的資源（データ・情報）、技術的資源（ノウハウ・開発技術）、時間的資源（スピード・時間利益）、関係性的資源（提携・ネットワーク）です。**図1−1**をみてもわかるように、ＪＡにとって「人的資源」が、すべての経営資源の真ん中にあって、その他の資源と結びついて存在しています。

すべての資源についての説明はしませんが、たとえば、「人的資源」の中心は、組合員と役職員であり、何より組合員が最大の経営資源です。そこで、この組合員とＪＡの関係を把握することが何よりも重要です。まずは、各事業の取引における組合員との関係は最優先の課題であり、データの分析が必要です。支店ごとに利用実績から組合員との関係をみていくのが一般的です。金融・共済や販売など、各事業別の利用金額、利用量、利用度合いや複数事業の併用度合いの高さを組合員および世帯で並べてみることです。利用度合いとは、その組合員農家が

図１－１　７つの経営資源～わかりやすい目標、取り組みやすい目標づくりは、経営資源ごとに～

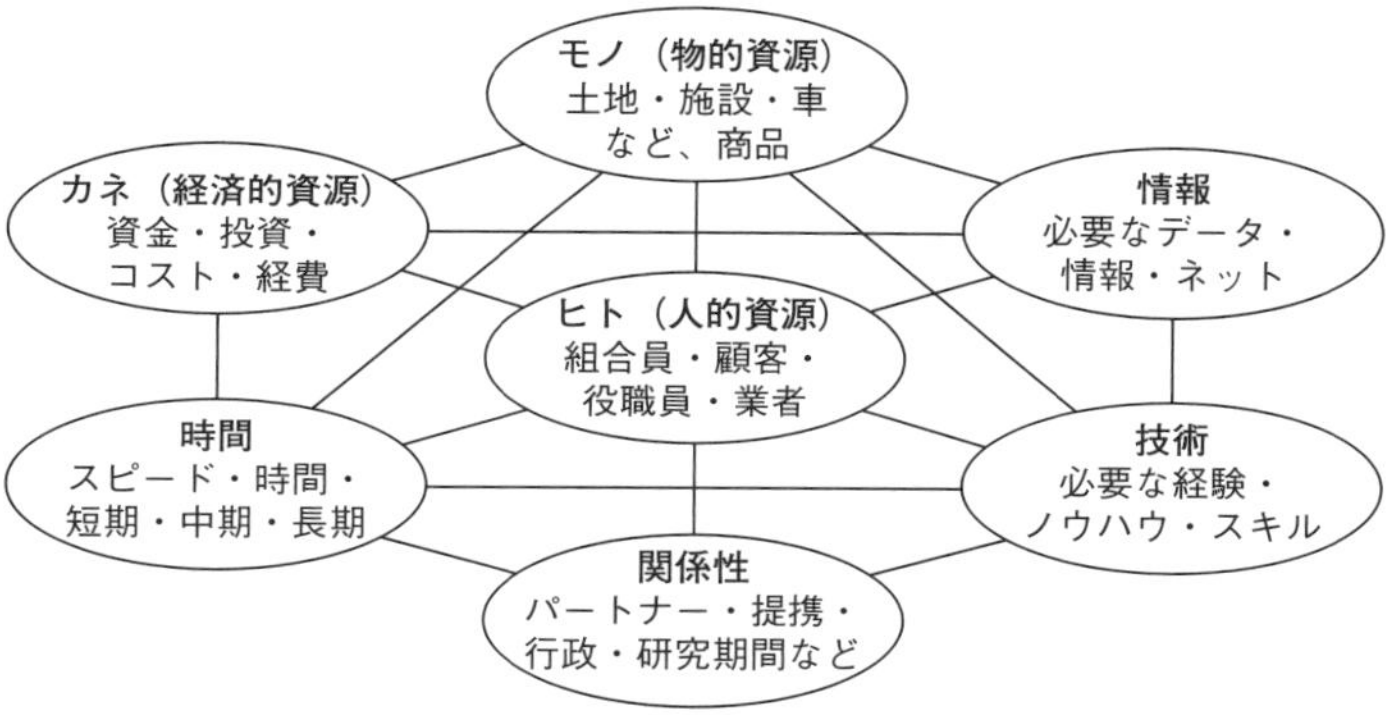

＊筆者作成

生産する農産物の何割をＪＡに出荷しているかの割合のことで、貯金でも共済でも、組合員や組合員世帯ごとに推計することは可能です。組合員やその世帯によって、ＪＡとの関係性の違いがありますので、それをみていくと、強い関係性をつくるために何が必要か、どういう組合員世帯に、どんなアプローチや提案が必要かのヒントが具体的にみえてきます。

　ＪＡの利用度の高い組合員やその家族の場合は、取引状況だけでなく、施設の利用や店舗の来店頻度、さらには、ＪＡの組織活動への参加状況、ＪＡの組織運営・イベントへの参加、集落座談会などへの出席率なども高い状況が把握できます。こうした組合員との関係性は信頼関係や職員の関わり方など、何らかの経緯や特徴があるからです。

　組合員がＪＡにやって来るのを待つのではなく、積極的に出かけていくことが、これからますます必要になります。「資源管理」のなかでも組合員やその家族を中心とした「人的資源」はもっとも重要であり、コミュニケーションはもとより、積極的な事業取引や運営参画へのアプローチを図っていくことが職員に求められます。それは渉外活動という事業推進ではなく、JAとの〝まるごとお付き合い〟へのアプローチです。

このように、七つの経営資源ごとに、その資源の果たしている状況を分析したり検討してみると、JAにとって、もっとも重要な資源は何か、優先順位をつけて分析する必要性がわかります。今後、どんな資源の活用が必要か、強化すべきは何か、がわかります。これまでコンサルティングで重視してきたのは、前述した組合員・世帯を中心とした取引や関係性の人的資源の管理と、職員の配置、働き、実績、人材開発などに関する人的資源の管理、店舗・施設や取扱い商品などの物的資源管理、事業や施設別の収支・損益・諸比率などでしたが、最近は、情報資源に関する収集・整理・分析・提供、関係性管理での関係先別の状況だけでなく、将来を見据えた提携・連携などの検討へのウエートが高くなっています。

ちなみに、JAが新たな経営戦略を立てる場合は、その特定の目的の達成のために、七つの経営資源のなかから選択し、集中させることによって、速やかに成果を得ることを考えます。JAはとかく資源を平均的に分散配置する傾向が強いために、人の配置や予算、計画などにメリハリがなく、非効率で、成果に結びつかない、職員のやる気を低下させているといった場合があります。経営資源の管理は重要で、事業の実績やその動向だけをみていると、経営の重要

図1−2　【6W2H】でプランをたて実施計画をつくる

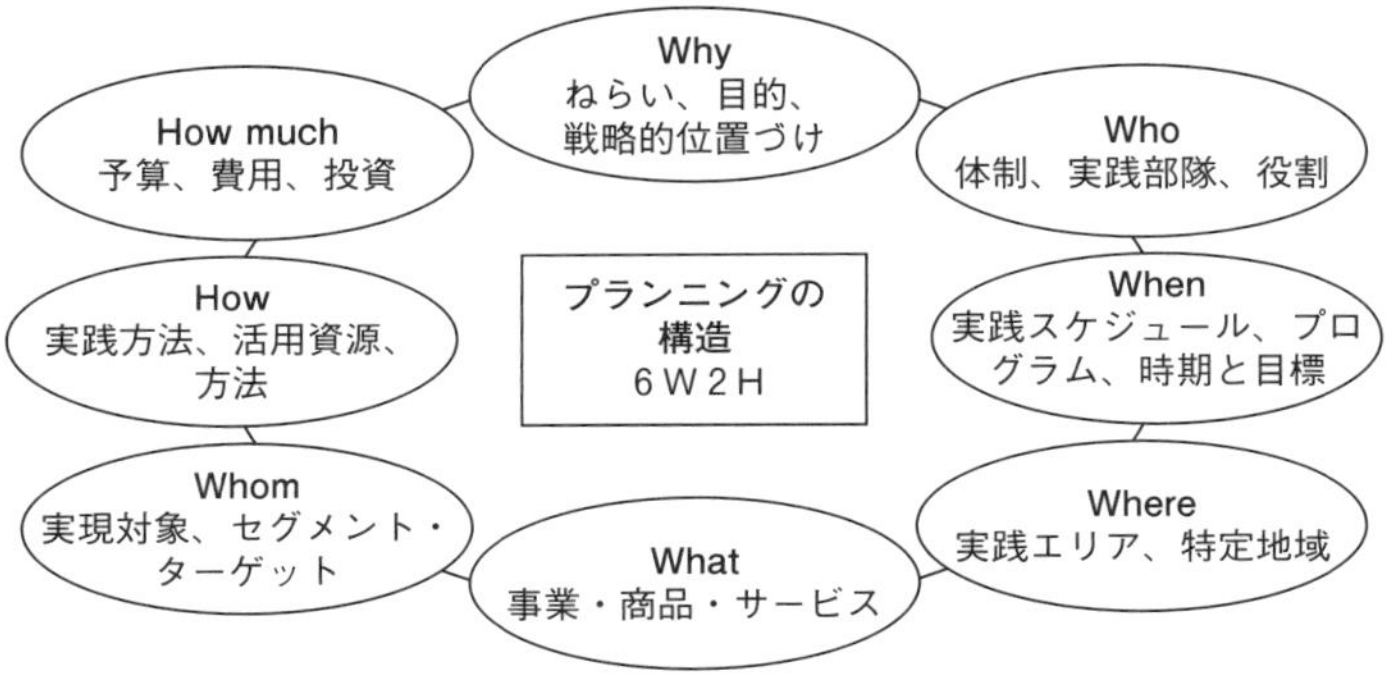

＊筆者作成

な要素を見落としてしまいます。資源管理を中心とした経営管理部署の機能強化とともに、資源別に重視すべきこと、機能すべきチェックは必要です。

経営資源の管理とともに、もう一つ、つけ加えていきたいことは、経営資源を組み合わせて計画や戦略などを策定する際の基本である6W2Hに関してです。

(図1−2)

計画や戦略づくりのセオリー（鉄則）ですから、計画を組み立てる際も、途中での見直しの際も、つねに、この6W2Hによって検証することです。計画や戦略を策定する場合は、七つの経営資源を、いかに有効に活用し、いかに早く成果に結びつけるかを検討することなので、七つの経営資源ごとの分析をしていれば、速やかに計画化が可能です。

この6W2Hを活用すれば、計画の論理化、目的・目標化、数値化、時期、実施主体などを網羅していますから、役員の立場で、あるいは他の部署の職員が意見を表明する場合などのチェック方法として活用できます。また、プロジェクトチームや若手職員の研究チームに提案を検討させている場合でも、この6W2Hでチェックをすれば、何が欠けているか、検討不足なのか、データ不足か、何を具体的に追加検討すべきかの的確なチェックとサポートが可能です。

七つの経営資源と6W2Hは、ビジネス上でもっとも日常的に検証したり、調査・検討する場合に活用する簡易なフレームワークであり、ツールです。

■持続的成長はJAの経営特性で「強み」である
――長期的視野で短期的に数値化し優先順位で実践

JAに限った話ではありませんが、民間の企業もJAも「経営」という場合は、持続的に成長し続けることが最大の課題であり、目的であるといえます。そのためには、経営を考えるうえでは長期スパンでものごとを考え、行動していくことが基本です。半年や一年で満足のいく結果が生まれるようなネットビジネスのような経営は一部です。

JAの経営を考えると、民間の企業との違いでもありますが、JAの経営は長期スパンで考え、行動していくという基本原理を組織内部にセットされているのではないかと思うほど、長期的要素が主要なテーマになります。**未来志向でJA経営を考える場合、アグリズム（農業主**

義）、メンバリズム（組合員主義）、コミュニティズム（地域主義）の三つの特性で考え、その特性である強みを最大化することが必要である、と考えます。

ＪＡがアグリズムで考える農業は、短期的な期間で結果が表れるものではありません。農業者で一生の間に米づくりができるのは、多い人で五〇年ほどでしょう。トラクターがＡＩ（人工知能）を利用・装備して、無人で働いてくれたとしても、米づくりは一年に一回です。進化のスピードは、機械のようにはいきません。組合員の農業や暮らしを考えても、年々便利な家庭用の電子機器が活躍し、家族もスマートフォンを駆使して関係を密にできたとしても、子供の成長が早まったり、小学生が突然高校生になることはあり得ないのです。さらに、地域社会の変化や成長も考えてみてください。半年や一年で、地域社会が劇的に変化することは考えられません。シャッター通りと化した商店街が再生されて、賑わいのある商店街によみがえるということが起こるとすれば、一〇年や二〇年で考えることが必要です。

農業の生産基盤の整備、新しい農産物の振興、農業後継者の育成は、長期で考えざるを得ないでしょうし、組合員の営農や暮らしの充実、前向きな変化、質の向上なども、短期間に達成できるものではありません。地域社会も同様で、町の変化や街区・地域の改造は、超長期での計画と粘り強い取組みがなければ成就できないものです。

このように、しっかりとした関係性でＪＡを支えている三つの特性は、いずれも中長期か、超長期に構えて進めていくことが大事な前提になります。こうした未来志向で将来を描くからこそ、農家のみなさんは、その地域で安心して農業を営み、JA組織のメンバーに入り、地域で暮らしの設計を築くことができるのです。いかに将来のビジョンづくりが大事かが理解できるでしょう。そのことは、JAで働く職員も同じです。安心して働く第一条件は、この先もJAが継続して存在する、どうあれコツコツながらも成長を続けていく、ということが理解できれば、職員は懸命に仕事に向き合い、農業経営者や組合員に向き合ってくれます。

ただし、JAの役職員の仕事は、長期でのんびりしたものでは困ります。長期のビジョンは描いても、日々実践し、組織的に取り組まなければならないことは、つねに現状を把握・検証し、検討をして、長期の目標を見据えながらも、〝動きの素早い組織〟としていくことが必要です。そのためには、つぎのセオリー（鉄則）とツールもきわめて重要ですから、日常的に活用してほしいと思います。

私たちは、仕事のなかで、いつも課題を発見し、何とかしたいというテーマを抱えています。日常業務に追われていると、ついつい不効率な業務を繰り返してしまいます。そこで、仕事に優先順位をつけて、重要度の高い仕事から優先して手をつけていくことを仕事を行ううえでルール化していくことが重要です。優先順位をつける前に、数値化するというプロセスを入れることで、画期的に仕事の手順が効率化し、実績に結びつく実践が可能で、仕事の管理面でも効果が高いのです。

これは日常業務に限ったことではなく、JAの計画や部門別計画をつくる場合でも、また、

図１－３　数値化による優先順位と実践するプロセス

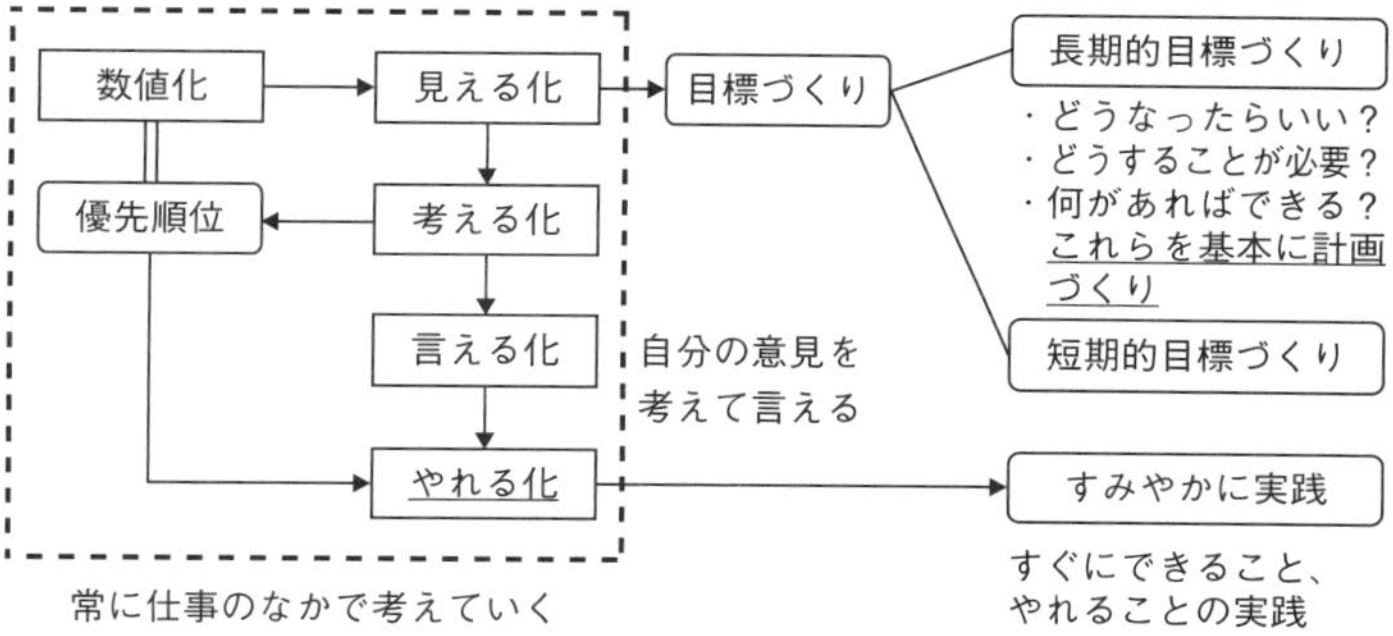

＊筆者作成

それぞれの職場での話合いで計画化するうえでの優先順位をつける場合でも活用できる方法で、「数値化による優先順位と実践プロセス」（**図1－3**）です。

　あらゆる課題やテーマについて共通しますが、その実態を把握しようと、まずは数値化することです。数値化はできるだけ多角的に考え、数字を持ち寄り、実情把握に努めてください。そのことで課題の「見える化」ができるのです。「見える化」ができれば、職員は検討する素材やヒントが目の前にたくさん並びますから「考える化」ができます。そうすると、自分なりに課題に対する思いや意見を頭のなかで整理でき「言える化」します。職員が自分の意見を言えるようになると、みんなで行動するための方法や内容を具体的に話合うことができますから、実践するようになるのです。

　たとえば、「事業が伸びない」という課題について、可能な限り数値化を試みてください。事業別、商品別、金額、件数、店舗別、利用者年齢別、男女別など、可能な限り細分化して数値化してみることです。すべての項目で事業が伸びていないという数値はあるものの、評価すべき項目にも気づきます。伸ばす可能性のある項目や数字が必ずみつかりますから、優先順位がみえるようになり、参加職員が気づき、共有化できるのですから、速やかに実践行動に移せるのです。もちろん、長期的な課題や取組目標もみつかります。その結果、定性的な目標（論理的な目標）、数値目標、優先順位による取組みのロードマップの作成も可能になります。役職員が一目で理解できる実践的なロードマップは、職員の前向きな実践・行動を引き出すことにつながります。

■自分たちの「強み」を見つけ伸ばすことを優先する
――「強み」を探そう、そして優先して実践しよう！

私はＪＡ職員のビジネス能力開発の研修では、「問題点や欠点、弱いところ」を見つけ出して改善しよう、直そうとする前に「強いところや良いところ、競争上の優位性」に着目し、この強みや良さを伸ばしたり、活かすことを優先して考えるようにしよう、とテキストに書き、それを強調してきました。

現実に、Ｐ・Ｆ・ドラッカーは、五〇年ほど前に刊行された『経営者の条件』のなかで、「強みを生かす」重要性を論じています。彼は、「成果を上げるエグゼクティブは、人間の強みを生かす。彼らは弱みを中心に据えてはならないことを知っている。成果を上げるには、利用できるかぎりの強み、すなわち同僚の強み、上司の強み、自分自身の強み、を使わなければならない。強みこそが機会である」としています。そして、弱みやダメなことを直そうと思っても直らない、とまで述べています。

しかし、コンサルティングの現場では、難しい面がありました。JAの役員や管理職の多くは、JAを良くするためには「抱える問題を解決することが先決である」と考えており、なかなか理解をしてもらえない時期がありました。コンサルタント自身もいまひとつ自信がなく、調査やデータから問題点や課題を見つけ出して、その対策を提案するという仕事を繰り返していました。

十数年前、私は欧州で生まれたソリューションフォーカス（解決志向）という新しい問題解決思考と出会う機会があり、以後、毎年、イギリスやドイツなどに出かけ、ソリューションフォーカスを活用したコンサルティングの事例に接し、多くを学ぶことができました。

このソリューションフォーカスは、**三つの基本哲学があります。①壊れていないものを直そうとしない、②うまくいっていることをもっとやる、③うまくいかなかったら別なことをやる、というシンプルなものです**。これを事業組織に活用するとなると、ケースに応じて工夫をすることになります。

ソリューションフォーカスは「解決志向」と呼び、何をめざすのか、どうなりたいのかを考え、そこへ到達するための道筋を考え、行動することですから、前向きにものごとを考えることになります。めざすことに向けて、もっている資源のなかで、もっとも使えるものを優先して使って結果を生み出す、これが「解決思考」です。しかも、大事なことは、個人の思考プロセスにも活用されますが、どちらかといえば、組織やチームでの活動にこそその力が発揮できることが、これまでのコンサルティングの経験のなかで証明されています。とにかく、プロセスさえ共有できれば、職員が自分たちで判断し、進んで行動するのです。

これに対して「問題志向」とは、実績が上がらない、うまくいかない理由、問題に焦点を合わせてなぜうまくいかないのか、実績が上がらない理由は何か、といった原因を探すことに思考を集中させてしまいます。この場合は、なかなか「めざすところ」「行きたいところ」にたどり着きません。なぜなら、問題の解決のために多くの時間を費やし、対策ができたとしても、当面の改善策しか生み出せない、問題にこだわることで問題をさらに深刻化させる危険性もありますから注意が必要です。

ここで、私の長いコンサルティング経験とソリューションフォーカスを活用して得られたことを紹介します。研修はもとより、役職員の会議など、機会あるごとにお話ししています。

「人や組織のことを考えるとき、〝強みと得意なこと〟に焦点を合わせ、それをもっと伸ばし、強化することを最優先で考える。すると、すぐに実践できることがみえてくる。弱みや問題を無視することではないが、〝強みと得意なこと〟を伸ばすことで対応できることが多い。弱みや問題に焦点をあてると、原因探しに時間を要するだけで、すぐに実践すること、アイデアが

生まれにくい。前向きに、素早く実践につながる〝強みと得意なこと〟は、成果を手に入れることも大きく、早い」

私たちのコンサルティングでは、あらゆる課題の評価に際しては、最初に、プラス評価できることを優先して調べ上げ、それを数値化して評価し、継続発展させることを優先して考える、さらに飛躍的に伸ばす方策を拡大して考えていく、という思考法でコンサルティングを行っています。

あるＪＡにおいて、三〇歳前後の職員によるプロジェクトチームとともに、新たな中期経営計画策定に取り組んだケースでは、三年前にもコンサルティングを行っていたので、三年前に立てた計画評価を最初に行い、検証し、もっともっと伸ばせると考えられるテーマを継続扱いとして、さらに伸ばす方法を検討しました。

たとえば、現在取り組んでいる三年前に策定した計画の重点課題と主要課題について、つぎの三点で評価していきます。ソリューションフォーカスの基本哲学の援用です。

①「評価できること」（良かったこと、変化した点）
②「さらに強化し、取り組むこと」（実績があがった、成果と認められること）
③「新たなテーマ・方法で取組むこと」（評価できない、別な取組みを考えること）

このように、すぐにやれること、できること、成果につながることは、来年度からの計画に書き出すよりも、現在の年度内で強化して取り組むことが必要であることを理解し、実践してもらうことで、組織の動きがまったく変わっていきます。そういう経営組織こそがＪＡに求められていると思います。きれいな三カ年計画をつくることが目的ではないはずです。

■「強み」を伸ばして職場を変えよう
——SWOT分析を使って職場の課題解決を実行する方法

ビジネスのフレームワークの一つに「SWOT分析」という手法がありますが、これを使って職場でのミーティングで、事業上の課題、仕事の改革を行う方法を紹介します。このミーティングで、課題解決に取り組む手段を、素早く見つけ出すことができます。そして、短時間のミーティングで、みんなで共有することができるために、実行するのも早く、結果や成果を生み出しやすいのです。

まず、テーマを決めます。「わが支店の「強み」を活かそう、伸ばそう!」にしました。

そこで**図1-4**の一般的なSWOT分析の手法を使って、わが支店の「強み」「弱み」「機会」「脅威」をあげてみます。「強み」(Strength)は「S」、「弱み」(Weakness)は「W」で、これらは支店内部のことを中心に考えます。さらに、支店の環境として、立地条件、事業上の環境、恵まれていること、チャンスと考えられることなど「機会」(Opportunity)を「O」、そして、支店をめぐって立地条件や競合金融機関の存在、市場の変化など「脅威」(Threat)を「T」とします。

このS・W・O・Tの四つの課題ごとに、職員がそれぞれ考えられること、思いつくことを、

図1－4　SWOT分析ですぐに取組み可能な課題の把握と方法

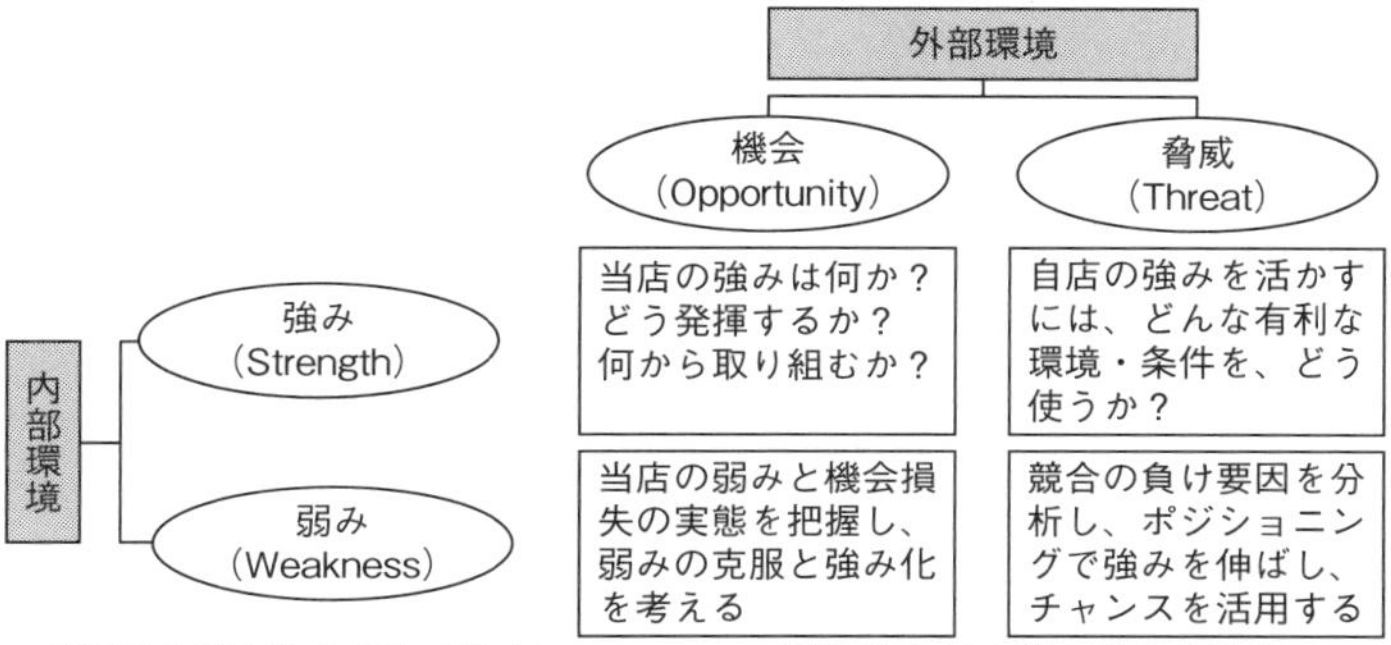

＜積極的な対応策を考える場合＞
強み×機会⇒積極的攻勢策の検討
強み×脅威⇒差別化戦略の検討

＜消極的な対応策を考える場合＞
弱み×機会⇒弱点克服・強化策を検討
弱み×脅威⇒防衛的能力の強化の検討

＊筆者作成

一人ひとりの職員が、できるだけたくさん書き出してみます。隣に座っている職員と二人組になって考えるという方法でもいいです。とにかく、思いつくままに、できるだけ数多くあげてみます。項目化し、短めの文章にして、書き出します。

このSWOT分析については、JAの経営戦略や経営計画などの組織全体の戦略や計画を策定するために使うことは、あまりありません。SWOT分析は、どちらかといえば支店や事業所の事業戦略などを策定したり、そのための最初の分析方法として使うことに向いていると考えています。したがって、できる限り、小さな組織、職場、事業単位について、関係する職員が全員参加方式で集まり、少ない時間で、職場の課題を見つけ出す方法としてはとても有効です。

表1－1は、JAの支店での全職員が参加したミーティングで、わが支店の強み、弱み、機会、

表1－1　職場内でＳＷＯＴ分析を使って話合いをする作成例
テーマ：わが支店の「強み」を活かそう、伸ばそう！

内部環境	●強み ・組合員・組合員組織をもっている ・利用度の高い組合員がいる ・地元との緊密な関係があり、地域密着度が高い ・管内の農家の信頼が厚い ・年金友の会や女性部などの組織活動が活発 ・複数の事業を兼営し、総合的な事業の展開が魅力 ・JAというブランド力がある	●弱み ・組合員が高齢化している ・組合員世帯が減少、若い人たちの利用が増えない ・JAをメインバンクとする地元商店が少ない ・農家数が減少している ・年金や女性などの組合員組織は会員が減少している ・一般住民とはコミュニケーションの機会や接点が少ない ・JAは農業者の組織だとの認識が強い
外部環境	●機会 ・近くに公共施設があり、一般住民の利用が期待される ・近くに大きな量販店がある ・JAは複数の事業を行っている優位性がある。 ・周辺には利用者対象となるマーケットがある ・近くに住むサラリーマン世帯の利用が期待できる ・商店会・自治会の会議に出席している	●脅威 ・公共施設はあるがJAの支店利用者は少ない ・量販店には他の金融機関の出張所とATMがある ・JAは農業者の組織だと考える人が多く来店者が少ない ・車でのワンストップでの利用は量販店になる ・サラリーマン世帯はJAに口座をもつ人が少ない ・地元の商店会との関係が薄い

＊筆者作成

脅威について、思いつくままに書き出したものです。項目を入れ替えて表示しています。注目してほしい点は、「強み」と「弱み」、「機会」と「脅威」それぞれに書いてある項目を左右対称に扱っています。

　これまでＪＡの職場のなかでは「弱み」や「脅威」に目を向けて、何をしたらいいか、「弱み」や「脅威」の対策は何か、どうすべきか、を考えることを優先したのではないでしょうか。しかし、「弱み」を克服するために何が必要か、どこに問題があるか、何が原因か、と考えたところで、すぐに改善策が生まれてきたり、みんなで取り組む課題が見つかるわけではないのです。ましてや、「脅威」に対しては、話合いをしても意見は出ず、結果的に〝打つ手なし〟に終わる可能性があります。

　では、この表の「強み」に掲げられた項目だけに注目してみます。そこで、支店職員全員でのミーティングで、どの項目がもっとも意味のある〝わが支店の「強み」か〟を考えてもらいます。そして、もっとも意味ある「強み」と思われる項目を三つ選んでもらいます。全員が選んだ三項目で、もっとも支持が高かった項目を並べてみます。

・利用度の高い組合員がいる
・年金友の会や女性部などの組織活動が活発
・複数の事業を兼営し、総合的な事業の展開が魅力

その結果、支持が多かった三項目について、どんな取組みが必要か、みんなで何に取り組む

か、を考えてもらうと、多くの職員から前向きな意見が出ます。すぐに実践できる意見も出ます。これが、「強み」に注目する理由です。「弱み」に注目してしまうと、問題を共有できそうですが、意見が出ない、ましてやみんなで実行する前向きな提案はほとんど発言されません。

たとえば、「強み」の「利用度の高い組合員がいる」ことについて、どのような組合員か、具体的には誰か、各地区で利用度の高い組合員の名前をあげてみて、職員で共有し、来店した際の対応について、意見を出し合うところまで一回目の会議で進んでいきます。あるいは、二番目の「年金友の会や女性部の組織活動が活発」な内容をあげてみて、新しく年金友の会の集まりを企画する、たとえば、年金友の会のなかに新しい集まりをつくるとすれば、というテーマで意見を出し合います。「俳句の会」とか、「幼稚園でワラ細工を教える会」といった企画案も生まれます。三番目については、ＪＡの金融・共済・経済事業と暮らしとのつながりについて、わかりやすい手づくりパンフレットを作成してみよう、という意見をもとに、継続して考えていくことを確認し、話合いやアイデア出しを続けていきます。

このように、「強み」だけに絞って検討するだけで前向きな議論ができ、明日以降に取り組むことや考えることにつなげていけるのです。しかも、「弱み」を克服する前向きな活動が展開されるというところが大きなポイントです。

ＳＷＯＴ分析の表では、「強み」としてあげていることと、「弱み」としていることが、ウラオモテの関係にあることがわかるように作成しています。結果、ウラオモテの関係にあるから、

みんなが取り組みやすく、前向きな気持ちで取り組みやすい「強み」を優先し、選択するということなのです。「強み」を考え、〝強みを活かす、伸ばす〟ほうが、速やかな実践に直結するからなのです。この考え方と手法がソリューションフォーカスです。

■〝長寿企業〟経営的特徴と非営利組織の存在意義
――JAのポジション確認と「新しい公共」を担う

日本は世界に冠たる〝長寿企業大国〟です。私も二〇年ほど前、海外でのワークショップの際、外国の経営コンサルタントから「なぜ、日本は長寿企業が多いのですか？」と質問され、答えられずに恥ずかしい思いをしたものです。日本には、世界最古の企業が存在します（大阪にある「金剛組」という寺社仏閣を建設する会社で、創業は西暦五七八年。聖徳太子の時代です）。

わが国で、明治維新前に創業した企業は全国に三三四三社に上ります。それを業種別にみると、上位は「清酒製造」「旅館」「呉服・服地小売業」で、都道府県別では京都府がもっとも老舗企業の出現率が高いとされています。なお、一〇〇年以上の歴史をもっている企業は全国に二万八九七二社あるとされ、これまた、業種別では「清酒製造」がトップ、「旅館」が第三位です。長寿企業のほとんどが地場産業の核であり、地域で育てられたコメを原料にした清酒製造業です。自然の恵みである温泉を活かした旅館業も、経営の持続的成長の基本である活かすべき「強み」をもち、それを最大限活かしている、ということです。

一九七〇年代に、日本の高度経済成長に対して、海外からは日本的経営が高く評価された時期があります。日本的経営の「三種の神器」といわれたのは、終身雇用、年功序列、企業別組合ですが、このなかには、集団主義、社員参加型の意思決定、系列間取引、雇用保障と生産性とのバランスといった点が評価されました。四〇年も前の話です。

しかし、これら日本的経営は過去の話かといえば、長寿企業の多くが経営理念に掲げている項目が多いのも事実です。重視しているのは、地域的な資源の活用、社員の参加型経営、地域内企業との連携、地域社会への文化・福祉への貢献などです。日本の高度経済成長も、日本的経営の参加型経営や高い品質管理を支えたのは、農村社会で育った人々です。

協同組織であるＪＡも、明治時代末あたりからの歴史を有していますから、長寿経営といえなくもありません。地域に根ざした経営体でもあります。したがって、日本的経営が評価された要素を取り入れ、現代にマッチした経営スタイルにアレンジすることで、持続的成長を担保する経営にしていくことが望まれます。

ちなみに、日本国内にある中小企業の数は約四三〇万社で、大企業を含めた全企業数に占める割合は九九・七％で、従業員数は約二八〇〇万人、全従業員数に占める割合は約七〇％です。日本の産業は中小企業によって支えられています。また、法務省の統計によれば、二〇一七年において国内で毎年九万社弱の株式会社が誕生していますが、一方で、二万五〇〇〇社が破産、清算されていて、起業から一年後の生存率は四〇％、五年後一五％、そして、一〇年後の生存率は五％といわれています。会社を設立して一〇年後に生き残るのはわずか五％です。農業関連法人も含まれていますが、ますます難しい時代に入ったことがわかります。持続的経営がますます難しい時代に入ったことがわかります。

ＪＡの経営を担う役員のみなさんは、これまで経験したことのない時代を生きていく経営を執行するわけですから、経営環境の変化へのアンテナを高く張り、職員を信頼して積極的に活用し、高いレベルの知識と学習の継続が求められます。ＪＡ組織、協同組合は企業形態としての分類上は法人企業であり、営利法人としての会社と、公益法人としての社団法人、財団法人などとの中間、どちらとも違うことから、中間法人と位置づけられています。営利を目的としない中間法人であるＪＡですが、民間企業と同様に、経営資源を有効に活用して経営をしていかなければなりません。

協同組合の特徴の一つは、出資した組合員の組織であり、人の組織であることです。人の組織ですから、人間尊重が組織の基本です。そして、出資額に関わらず一人一票制であり、剰余に対しては利用分量配当と出資配当が行われます。また、協同組合が行う事業は、組合員の事業・暮らしの支援であり、協同組合の利益追求のための事業ではありません。組合員には、直接、事業効果を供与することとなっています。

現在のＪＡや生協などの協同組合に対して、営利を目的にしている、していない、といった議論があることに、目を背けないことも必要でしょう。協同組織が中間法人であることの曖昧さが、議論を誘引しているようにも思われますが、営利を目的にしていない組織として、わかりやすい経営方針や政策を明確にしたほうがいいと思います。

ちなみに、非営利組織について付言しておきたいことがあります。一部の研究者のなかには、わが国の非営利組織の歴史は一九九五年一月に起きた阪神淡路大震災後に始まったボランティア活動を端緒にして拡大したとする人もいます。その後、社会的な活動を行ううえで、NPO法人の制度化、さらには、コミュニティ・ビジネスなどへと広がりをみせてきたとする議論です。JAや生協は、非営利組織の仲間として認知されていないのです。その理由の一つは、JAや生協が出資配当や利用分量配当などを行っていることに対して、営利を目的としているという見解であると考えられます。しかし、現代の社会や福祉、教育、社会的なリスクへの対応を考えれば、非営利組織の定義よりも実質的な事業活動の現状や経営の使命と理念、社会的な組織活動などについての評価にあるといえます。JAや生協と、NPO法人などの関係者が話し合い、情報の交流・交換を通じて、協力し合い、協働する関係を構築することは十分に可能であると考えていますし、これからの未来志向で考えたときに、ともに共有し、協働できる要素はかなり大きく広いように思われます。

JAも生協も、NPO法人の活動やコミュニティ・ビジネス、社会的企業など、次代の社会を支える「新しい公共」の一分野の組織として位置づけられる日が来ることを期待したいと思います。とくに、農村地域においては、その期待は大きなものがあり、JAが行う第一の使命として、その取組みや実践に関する情報の開示を行い、共通の場づくりを考えてほしいと思います。

とはいえ、企業間の競争環境は深刻な時代を迎えています。新しいカテゴリーの商品が生まれることが少なく、商品の販売競争は変化しつつあります。物売りのスタイルが変わり、知恵と情報とシステムで消費者を奪い、囲い込む競争になってきています。ＩＣＴ（情報通信技術）社会が進化し、ＡＩ（人工知能）の活用が拡大していくなかで、競争形態は確実に変化しています。

ＪＡの事業には、企業との競争で、勝ち負けを競うことを求めていません。あえていえば、負けない事業を行うことです。ＪＡの組合員や利用者は、競合先の多くの情報に接し、問い合わせたり、店舗を利用したり、取引きを行っていることが考えられるからです。ですから、ＪＡは組合員に対して、何が必要か、何が足りないかを常に観察し、思考することが必要なのです。

どのような経営環境になろうとも、ＪＡ組織は、限りなく継続的に成長を続けることが必要です。高度な情報通信技術をもつことが叶わないとしても、他の組織とネットワークを組んだり、協力し合いながら、組織を最大限機能させなければなりません。

ところで、ＪＡのコンサルティングのなかで、職員のみなさんとともに「競合先調査」という活動を行い、役員や管理職のみなさんにも報告をしています。かつては、マーケティング調査の一環として、私どもだけで調査したものを、他の報告書とともに提案書作成の基礎資料としたのです。ところが、コンサルティング先の経営者も幹部職員も含め、職員の多くが管内地域のＪＡと競合関係にある会社や組織についての情報をもっておらず、行ったことがないという職員も多いことに気づいたために始めました。

職員で手分けをして、銀行や信用金庫の競合支店、ＪＡの経済事業と競合関係にあるホームセンター、農業資材店舗、ガソリンスタンド、農機店、葬祭会社、直売所など、管内に存在する競合先の店舗の調査を行います。金融機関の店舗では、行員数、駐車台数、店内のレイアウトからソファーの座り心地などまで、お客さんに扮して詳細に調べますし、銀行のホームページから得られる情報をＪＡと比較して整理します。農業資材店舗では、店舗内の状況を調べるだけでなく、ＪＡでもっとも量的金額的に取扱いが多い肥料、農薬、生産資材などの品目を選定し、数十品目の価格調査も行います。複数の競合先調査の結果は、非常勤理事や部会組織の役員にも知らせます。ＪＡの職員への情報共有を行うための資料としても活用されます。

こうした競合先調査をもとにして、ＪＡが強いところ、優位性の高い商品やサービスを理解することができます。逆に、ＪＡの弱いところも足りないところもみつかります。価格比較において品目別優劣、店づくりや店員の相談・質問への対応能力など、調査を重ねていくと、情報はかなり詳細で広範なものになっていき、理屈以上にＪＡの強みが理解できます。そして、ＪＡの職員は、もっとどんな能力や知識をもつべきか、ＪＡの購買店舗に何があれば組合員・利用者の支持が得られるかを職員自身が考えることにつながるのです。また、調査結果を知り、

ＪＡの対応手段が理解できた組合員は、ＪＡの利用を増やし、他の組合員にも吹聴し、奨めてくれることから、事業の実績を高めるのです。

ＪＡの組織や事業活動の強み、良さ、優位点などを検討して、職員間で共有し、組合員にもその情報を提供するというものです。ただし、こうした活動の主な目的は、ＪＡがいかに競合関係にある金融機関や会社、店舗と競争するのか、いかに戦うか、を考えるためではなく、組合員の輪を広げ、組合員のみなさんの利用を高めるために必要な対策や施策は何かを考えるためです。相手を叩きのめすような戦いを挑むためのものではないはずです。

ＪＡ組織は、そもそも競争の世界で戦いを挑んでいくことが求められている組織ではありません。競争を考える前に、自身の組織の強みを確認し、農業を基軸とする事業、組合員による組織、活動するエリア（地域）が限定されている、この三つの特性を最大の強みと考え、それをアピールし、発揮する能力を最大化することにあります。だからこそ、自ら考えて取り組む「創造的な自己改革」が必要なのであり、自分との戦いを優先する組織なのです。グローバルな視野で物事を考えることは必要です。しかし、個々のＪＡ組織にとって、競合他社にはないもの、自身の組織のストロングポイント（強いところ、誇れること、自信があることなど）をしっかりと活かし伸ばすことが大事です。それは、個々のＪＡが責任をもって、組合員の要求や期待を理解し、対応するとともに、地域のみなさんに対して理解を促す努力を重ねることです。それを継続して、前へ前へと進んでいくことです。

■農業・農業経営へこだわる経営を！
——農業経営をセグメント（細分化）して持続的経営づくりを

この数年、ＪＡの自己改革の象徴は営農関係事業にあって、農業者の所得の増大、農業生産の拡大、地域の活性化の三本柱に全国のＪＡが取り組んでいます。それぞれのＪＡが真剣に取り組んでおり、相応の成果がみられます。では、これまで何をしていたのか、真剣ではなかったか、ということになります。でも、そもそも日本農業が脆弱化し、農業者の離農が続き、生産量が低下し、自給率が上がらないのは、ＪＡの責任なのでしょうか。ＪＡが怠けてきたからでしょうか。

政治の責任を棚上げして、ＪＡにだけ責任を押しつけてくるのは理解できません。日本では農村から若い労働力を奪い、重化学工業や製造業の働き手として工場に集め、農家で育った真面目さ、正直さ、勤勉さを、経済の高度成長を支える労働力としてきました。高度経済成長から一変、産業構造が変化し、経済のサービス化・ソフト化が進展すると、農村には農業を担う労働力は限られ、農業の地盤沈下が進み、その責任を岩盤規制といってＪＡに押しつけ、無為無策の政府は、農業を諸外国との自由貿易交渉のカードとしかみていないという奇妙な光景に呆れるばかりです。

だが、そんな農業経営や組合員、地域社会の期待を裏切るような組織活動や事業活動をＪＡ

が行ってきたとすれば、早々に農家から見捨てられ、事業の基盤を失うことになりかねないでしょう。私の知る多くのＪＡは、米価運動や農政運動の炎が小さくなる頃から、無為無策の農政を尻目に、新たな農業の活性・拡大に注力し、規模の大きな農業経営を核にして、中小規模の農家のみなさんが連携して、特産物の生産振興に取り組み、新作目への挑戦を続けてきました。また、農産物加工に挑み、スーパーマーケットへの売り場確保に走り、ＪＡ自らが経営する直売施設の建設と運営、宅配サービスなど、新しい農業生産の活路を見出すべく取り組んできたのです。

金融や共済事業にうつつを抜かして農業に怠惰なＪＡの存在を私は知りません。仮に間違ってそのようなＪＡがあったとしたら、自壊の道を歩むことを承知のうえでの行動としか考えられません。三五年のコンサルティング先のなかで、都市のど真ん中にあるＪＡにあっても、地域の農業生産やわずかな農地を守り、農家の農作業について一緒に悩み、損益を度外視して、営農・経済事業に取り組むＪＡの姿がありました。

これまでお付き合いのあったＪＡは、地域の農業や農業経営に対して、組合員農家を交えた検討を重ね、産地振興、収入増、所得率向上、農家の土地・労働対策などに取り組んできており、ＪＡ経営は総じて健全度は高いと考えています。**農業をないがしろにするＪＡ経営は、どの事業も中途半端で、事業バランスも悪く、成長性も低く、当然、健全性も低い**というのはコンサルタントサイドからの見立てです。

■農家がめざす〝農業スタイル〟でタイプ分けする方法

いまから二〇数年前のＪＡグループの方針案を眺めていると、「多様化する農家のニーズに応えなければならない」と書いてあります。多様化するということは「異なっている」ということです。農家によって、農業経営の規模も、生産する主力の作物も、農業労働力も、機械装備も施設も、収入も所得も違う農家がバラバラに存在しているのは当たり前のことです。

六〇年ほど前には、〝一町百姓〟という言葉を頻繁に耳にしました。終戦後の農地改革で、一気に一町歩（一ha）の農地をもつ農家が増えたのです。その頃の一農家の平均農地面積が約一haであったこともあって、農業者のことを〝一町百姓〟と呼んだのです。当時は、農協の職員の話を頼りにして、周囲の農家を見倣って農業を行う農家がほとんどでしたから、農協への結集度は高かったのです。地域の農家の多くは〝金太郎飴〟のような同じタイプの農家が存在しており、農家にとっての頼りは農協の職員でした。職員の話を聞き、講習に参加し、農業技術を学んでいきました。雨の日は、農家のみなさんが農協に集まって談笑し、話し合いをする、という時代だったと聞いています。職員の指導を頼りに農協に結集する農家、水田や畑に農家の人が集まり、その場で現地指導会を行っている姿は、農村の当たり前の風景だったようです。

戦後の食糧難を脱した一九六〇年代に入り、農業基本法が成立。米麦中心の農業から、園芸作物や果樹、畜産を営む農家が増えていきました。同法は、農業の選択的拡大をテーマにした新しい農業振興とともに、経済成長に伴う農業と工業との所得格差の拡大への対策としての目的があり、農業生産性を高め、農家所得の増大を図ったのです。この時期を境にして、農家の農業への取り組みによって、生産作物や経営規模に違いが生まれ、拡大していったのです。

そして、ほとんどの農家がめざす何年後かの農業経営の姿を聞いて、それに応え、支援策を考える必要性が増したのです。かつては、農業経営での画一性があったことからJAの営農指導においては、組織指導が中心となる時代がありましたが、現代は明らかに個別指導・サポート、個々の農業経営のニーズへの対応が大きくなってきたといえます。

そこで、組合員の農業経営を一律に考えずに、農業経営をいくつかのタイプに分けて考えることにしましょう。ここでは、ビジネスフレームワークの「S・T・P」(Segmentation(市場細分化)、Targeting(標的市場の選定)、Positioning(市場での立ち位置))を活用します。詳しくは一六一ページで説明しています。

まずは、**農業経営を行う組合員が、将来、どんな経営をめざしたいかによって細分化する方法**を紹介します。この**細分化が〈S〉のセグメンテーション**(Segmentation)です。

ある大規模な合併JAからの委託で、「都市農業振興戦略」づくりに関わりました。そのJAが合併直後で、管内の人口はざっと一三〇万人、正組合員農家数が一万戸強というJAでした。管内には七つの行政がありましたから、当初は各行政の考え方を集約し、JAでできることドッキングさせて、将来目標を作成し、それぞれの行政地域の特徴や農家の経営規模に合わせて新たな農業の振興策と、既存の特産物の生産拡大を図ろうというラフなデザインを描いたのです。ところが、合併後間もないこともあって、各行政担当者は会議の議論には入ってきません。自分の自治体のことを話すだけです。そんな会議が数か月続きました。そこで、気づかされたことがありました。

各行政がもっている農政の枠組みを崩すことはできないから、これ以上、会議は前に進まないので、別な方法を考えるべきだということです。そこで、一つは、組合員に農業経営をどうしたいかを教えてもらうこと。もう一つは、一三〇万人の人口を抱えている消費者近接地帯であることをどのように活かすかを考えることです。いま考えれば当たり前のことですが、当時、農業振興計画といったものが、かなり行政的な手法でつくられていた経緯があり、コンサルティングとしての設計に甘さがあったことは認めざるを得ません。とはいえ、時間がないなかで、二つのことを実行するのは容易ではありませんでした。

そこで、このＪＡの管内の農家、営農センターを巡回して歩き、代表的な農家のみなさんの話を聞かせてもらうヒアリングを実施しました。個別の農家のヒアリングに加え、同一作物を生産する農家や同世代の農家の代表に一〇人くらいずつ集まってもらってグループヒアリングなどを行いました。

行政担当者は、どちらかといえばＪＡの計画づくりに消極的で、何か宿題を持たされたりしたくないという姿勢で会議に出席していた印象があります。でも、グループヒアリングに参加してくれた農家の経営者や女性のみなさんはまったく反対で、新しくできたＪＡに大きな期待を抱いており、率直に話をしてくれ、これから先、どんな農業をやりたいか、そんな将来の夢まで語ってくれたのです。

そこで、このヒアリングから、組合員がめざす、営農や暮らしのスタイルを細分化して考え、仮説をつくりました。詳細なプロセスは省略しますが、要は、それをアンケート調査の設計に活かしたのです。約七〇〇〇人のアンケートの結果、都市農業振興戦略には、中長期的な目標、めざす姿を三つのタイプの組合員を中心に描き、ＪＡが行う営農活動と組合員の組織活動をつないでいくことを計画の「核」に位置づけ、将来をめざすＪＡの一大構想図に表したのです。

そして、ここでビジネスフレームワークの「Ｓ・Ｔ・Ｐ」を活用しました。組合員、ＪＡの組織、地域の組織、多様なネットワークを動員し、三つのタイプにセグメントした農家に対して、**〈Ｔ〉ターゲティング（標的となる組合員をしっかりと絞り込み）**を行いました。さらに、三つのタイプの組合員の目標を確認し、その実現に向けて応援し、サポートするＪＡの対応によって、**〈Ｐ〉ポジショニング（三つのタイプの組合員に対して、ＪＡの活動や商品を含むサービスが他に比べて優位性をもつ。差別化できる）**を確保し、高めることをねらいとしたのです。

三つのタイプの組合員とは、「農業主業型組合員」でばりばり農業に精を出すから「ばりばり型」に、農業の経営規模は小さいけど、直売施設や地産地消など消費者との交流を中心に経営をつくりたい「農業・消費者交流型組合員」は「わいわい型」に、また、農業は従来通りだが、資産管理、アパート・マンション経営にウエートをかけた経営をめざしたいという「資産活用型組合員」を「こつこつ型」と位置づけました。「ばりばり型」には担い手ネットワーク中心のさまざまな支援を考え、「わいわい型」には交流ネットワークによるサポートと関係づくり、場づくりを、「こつこつ型」には生活ネットワークによる生活環境整備や健康管理などの支援を行っていく、といった具合です。

仮説づくりのヒアリングも、アンケートでの質問項目も、現実の農業経営の課題や問題を尋ねることはしないで、もっぱらこれから先の農業経営への思いやめざす姿を聞かせてもらうことにしたのです。それが、計画づくりの重要なポイントであり、組合員の前向きな意向だからこそ、JAの役職員も未来志向で考えざるを得ないわけです。

ちなみに、この三つのタイプにまとめる前に、アンケートの結果を分析して、七つのタイプに分けてみることも検討しましたが、組合員のみなさんへのわかりやすさ、JAの役職員の理解と、実際に仕事に取り組むことを考えれば、三つのタイプが望ましいという結論です。四つや五つ、それ以上のタイプを定義したとしても、日常的な業務において、それぞれのタイプに応じて行動することは難しいという判断です。わかりやすさと目標の認識度を高めることを優先すれば、三つのタイプが適当だといえます。JAも三つの戦略方針を立てることで、やるべきこと、経営資源の投入が明確になります。当時としては、この三つのタイプの農業経営と

ＪＡの取組みがイメージしやすいという評価があり、全国のＪＡからも注目されました。

■販売金額別でタイプ分けして対応する方法

前項で述べた農家のめざす農業スタイルをタイプ分けして、農業振興計画の核に据えて多様な取組みを体系化するというのは、都市近郊農業地帯だから有効であったということもできます。しかし、農村地域で農業が盛ん、農業を主業とする経営の割合が比較的高い地域では、農業スタイルで経営をタイプ分けすることは理解されにくいと思います。

近年、農業地帯の農業経営における規模格差は、想像以上に大きくなっており、それが農業経営の将来目標にも反映しています。また、規模によって、後継者の有無、機械装備率などに違いがあることから、ＪＡが農業振興計画を策定する場合は、営農類型に配慮しながら、農業経営の販売金額のデータに絞ってタイプ分けするほうが対応方針を考えやすく、農業経営者のみなさんにもアピールでき、職員も理解して行動しやすいように思います。

そこで、最近のＪＡのコンサルティングの例から、組合員の農業経営における出荷額、いわゆる販売金額でタイプ分けをし、それを〝中心軸〟に据えて、ＪＡの営農指導事業のあり方や方法を考えていくアプローチを実施しました。そして、きわめて大胆な農業振興計画を組合員に提示し、理解をお願いするとともに、ＪＡの農業経営対策を絞り込み、成果を優先する手段を検討することとしました。

このＪＡは、群馬県の東端にあるＪＡ邑楽館林です。米麦作、野菜作、畜産と営農類型はこの三つの専作か、複合のいずれかという農業経営が多い地域です。当初、農業振興計画の策定を考えていたのですが、農林業センサスのデータを見て、農業地帯の劇的な変化が進行していることがわかり、むしろ**一〇年後の地域農業の姿をイメージし、現状から後退させないための農業振興を図ることを第一に考えること**としました。そこで、三〇代の職員を中心にしてプロジェクトチームを組織し、調査、検討を行ったのは、一〇年後の農業ビジョンづくりだったのです。

さっそく、農業ビジョンの策定にあたって分析した農林業センサスのデータの検討を行いました。そのなかで、特徴的な数値をあげるとつぎのようになりました。

農業ビジョンの策定時に検討したのは二〇一〇年の農林業センサスで、一〇年前の二〇〇〇年の農林業センサスと比較して、数値の変化を見ました。すると、このＪＡ管内で、二〇一〇年の全体の農家数は五二九七戸、一〇年前に比べて一二五六戸も減少しており、割合にして▲一九％です。また、農家数のうち販売農家は約七割ですが、この販売農家数の動向をみると、管内全体では一〇年前に比べて▲三二％ときわめて大きな減少率を示しています。六市町あるなかで、もっとも大きい減少率となった町は▲五一％でした。

農家数の減少に伴い農業就業人口も、一〇年前の九二八二人が、三〇九七人、▲三三％も減少しているのです。なかでも、女性は一九八九人と減少率は約四割にも達しています。そして、農業就業人口に占める六五歳以上の割合をみると、二〇一〇年で六二・六％であり、一〇年前の五七・二％に比べて五・四ポイントも上昇しています。また、管内の経営耕地面積をみると、二〇一〇年で六二四八haで、一〇年前に比べて一三三〇haの減少となっていて、その割合では▲一八％です。

以上、紹介した数値を見ていただくと、地域の農業が音を立てて崩れていると感じるのではないかと思います。関東平野の北東エリアで、利根川流域に広がる農業地帯、地域の東側を東北自動車道が走っています。車窓から見る田園風景は平場の農村地帯で、整備され、農業生産が盛んな印象を受ける地域です。しかし、政府統計の農林業センサスによれば、ドラスティックな変化が生じており、このままいけば、この地域の農業は壊滅的な状況に陥りかねないという危機感すらもちました。

■経済・販売事業の利用度の高い農業経営の意向を反映する

農林業センサスの主要なデータを取り上げ、額面通りに受け入れると、ＪＡの事業計画は、経済事業も販売事業も、毎年、事業を減少させていくマイナス計画をつくらざるを得ないでしょう。この数値をもとにして農業振興計画はつくれません。マイナス計画はビジネスでは考えないことを肝に銘じてコンサルティングをしてきた立場からは、何としても前向きな要素を取り入れた未来志向の農業活性・拡大を考えたいのです。

そこで、採用したアプローチの方法は、JAの組合員の農業経営について、セグメンテーション（細分化）して、JAの販売金額が多く（一〇〇〇万円以上）、生産資材の購買利用も多い農業経営（JAの利用度の高い農家）を絞り込み、職員がこれらの農家を訪問して、これからの農業経営をどうしたいか、農業のどこを伸ばしたいか、どんな農業投資を考えているか、ポジティブな農業経営への思いを聞いてきて、それを整理して、将来の農業ビジョンを描いてみようと考えたのです。名付けて「アイデア拝聴訪問活動」といいます。職員が二人でペアを組み、ざっくばらんに農業経営者と雑談をしてくるという活動です。

職員が訪問して話を聞いてくる農家の選定は、JAの事業利用度の高さだけを指標にするのではなく、すべての支店にお願いし、JAの事業利用は多くなくても、それぞれの地域のリーダー的な存在の農業経営者も対象に加えました。その結果、選定した農業経営体は約三三〇戸でした。JA管内の販売農家数が三七〇〇戸ですから、約九％の農家の話を聞くことになります。

この場合、農家一斉アンケート調査という方法もありますが、アンケートの結果をもとにして、一〇年後の農業ビジョンを策定することはきわめて困難です。仮に農林業センサスにあるような地域農業の実態があるとすれば、一ha未満の農家から、二〇ha規模の経営、販売金額が一〇〇万円に満たない経営から三〇〇〇万円を超える経営、営農類型や主要作目の違い、経営者の年齢の違いなどを考慮せず、地域の農業にとって成果につながる計画をつくることは難しいでしょう。アンケート調査を実施しても、その結果から導き出されるのは総花的な計画や方針であって、着実な農業生産の拡大、戦略的な農産物の振興を図る計画は難しいと判断し、JAの役職員にも理解を得たのです。

そこで、プロジェクトチームでの事前の検討から選抜した三三〇戸の農業経営体を選定したのです。現在の経営に満足することなく、経営規模の拡大や収入の増大、生産する農産物の品質の向上、単位収量や収入の向上など、積極的に経営の改善に取り組む、地域農業のリーダーとしての役割も担ってくれる三三〇戸の農業経営体です。

■一割弱の農家の面談調査で「農業ビジョン」づくり

私は農業にこだわり、前向きに農業経営に取り組んでいる経営者を絞り込み、彼らの意向をしっかり把握し、そこからビジョンづくり、農業振興計画の道筋を考えるコンサルティングをこれまで行ってきています。一割にも満たない農家で地域全体の計画ができるのか、といった心配もあります。しかし、現実には、管内の二割弱の農家が、販売高全体の約八割以上を占めているという実態であることも事実です。それがわかれば、九%の農業経営者の意向を反映させた方針や対策を優先することは、確実に地域農業を変革する力をもっているといえます。

ＪＡの特性である農業に、とことんこだわった運営を基本軸に据えて取り組むことは、現在の農村の現状を考えればやむを得ない面はあります。今後一〇年までに離農や農地の全面委託を考えているという消極的な農家は少なくありません。そのような農家に翻意を促し、地域の農業の活性・拡大の先頭に立ってもらうことはできないでしょう。少数派であっても、地域の農業を動かすリーダー的な存在は、ＪＡとして高い期待をもつのは当然です。ただ、大規模経営を優遇するというだけの方針や対策は、組織合意を得ることは難しいでしょう。

では、絞り込んだ三三〇戸の農業経営体に訪問して、話を聞いてくる「アイデア拝聴訪問活動」の方法を紹介しておきます。事前にアポイントを取り、二人の職員がペアになって訪問します。その場で質問する課題、項目はざっと一五項目ほどあります。話を聞く際は、いっさいメモを見ないで質問し、話の内容はメモをしないで二人の職員が頭のなかに刻み込んで帰ります。面談での内容を、事務所に戻って二人の職員が話し合って質問票に記入して提出するという調査方法です。

訪問で話を聞く項目はつぎのようなものですから、質問を記憶するだけも大変なことです。それを職員のみなさんに実行してもらいましたから、緊張感と努力は並大抵ではなかったと思います。

(1)　農業経営の状況（主要作物別粗収入、労働力、営農類型、耕地面積、土地利用、生産物の動向・品質）
(2)　農業機械・設備の装備率、過去三年の投資状況、向こう五年の投資予定
(3)　農業収入、販売金額とその目標
(4)　JAの利用状況（生産資材の購入額、生産物のJA販売高、JA以外の業者との取引（購買、販売）金額とその魅力）
(5)　一〇年後の農業経営、経営者、主力品目についての思い、目標
(6)　JAへの期待、要望

これだけの質問を、約三〇〇の農家に出向いて行いました。ポイントは、**このメモを取らないことで、農家も職員に向き合ってくれますし、現実の数値を正直に話してくれて、JAと競合する業者との関係や業者の良さなど、本音を聞かせてもらえます。また、職員も真剣に向き合うので、組合員の期待や要望も真剣に受け止め、取り組むことになり、組合員との信頼関係が一層深まることになります。**何よりも、面談に応じてくれた組合員のJAに対する理解と事業利用に対する考え方が変化します。なかでもJAの利用の少ない農業経営体の利用が一気に増加したケースもあります。

ところで、先に紹介した農林業センサスの数値の変化から、このJA管内の農業の状況を思い起こしてみてください。管内の農家数は一〇年前に比べて二割、販売農家数にいたっては三

割強も減少しています。そして、農業就業人口も三三%も減少し、農業就業人口に占める六五歳以上の割合は六三%で、管内の経営耕地面積も一八%のマイナスです。この一〇年間の主要な数値を見たときに、JAとしての農業振興計画はどんな計画になるでしょうか。少なくとも、未来志向の農業振興計画をつくる役職員のモチベーションは、決して高まらないと思われます。

では、このJAで実施した「アイデア拝聴訪問活動」のまとめ(調査結果)をみてみます。面談回答者は三〇四人の組合員、結果の詳細は紹介できませんが、とくに注目するところをあげるとつぎのようなものになります。

農業経営は米を中心に生産し、野菜との複合経営がもっとも多いこと、伸ばしたい野菜の作目が明確であること。とくに、注目するのは、過去三年以内に、七六%の組合員が設備投資していること(内容はトラクター(三七%)、田植機(三〇%)、コンバイン(二五%)の順)であり、さらに、今後の設備投資についても、五五%の組合員が投資予定がある前向きな農家です。

また、めざしている年間農業粗収入の金額は、「二〇〇〇万円以上」が二六%、「一〇〇〇万円~二〇〇〇万円」が四割弱で、七割近くが明確な目標をもっています。

JAの事業利用の実情について率直に聞いていて、生産資材の購入では六三%の組合員がJAを八割以上利用し、販売事業でも七六%の農家がJAを八割以上利用しています。また、JA以外の業者との取引きも六割の農家に取引きがありますが、購買が圧倒的に多い状況です。その理由は「購入価格が安い」、「JAが扱っていないもの・在庫がある」が比較的多く、それよりも「以前からのつきあい」が圧倒的に多い点は納得する答えです。

そして、現在の農業経営について、一〇年後、本人か後継者が農業経営を続けているかどうかの質問に、全体の九五％の組合員が「継続している」と答えています。しかも、規模拡大への意向は三割の組合員がもっており、積極的な意味での現状維持は五五％となっています。**未来志向の面談調査結果だからこそ、未来志向のＪＡの方針がつくれる**のです。

このほか、ＪＡの事業活動や営農指導に対する期待や注文が具体的に数多く集められており、農家がＪＡに何を求めているかが具体的であるため、すぐにできることは実践に移され、組織的な方針の策定が必要な対策については、このあとに策定された「新・農業ビジョン」と「第一次経営刷新三か年計画」のなかで、その内容が反映されています。

この訪問活動によって、農家が農業経営の具体的な内容について、投資、粗収入などに前向きで具体的な目標をもっていること、一〇年後は、本人も含め農業経営を続けているという意志を明確にしていることは、ＪＡにとっても、予想外の大きな収穫であったといえます。

前向きな経営姿勢をもっている農業経営に的確に応えていくＪＡの活動や実践が、まだまだ必要であることを実証してくれました。しかも、このような前向きな農家のＪＡの利用度は、信用事業、共済事業も含めて、きわめて高いことがわかっています。総合的な事業兼営の意義やＪＡの存在価値、役職員との信頼関係などをあらためて確認できました。これは、組合員の営農意欲を高め、農業を組織的、地域的に、着実に拡大させるための動機付けとしても意味があるように思いますし、ＪＡの役職員にとっても大きな自信と確信になります。また、営農指導や経済事業の職員のモチベーションを高めることにもつながるものでした。この訪問活動の成果は想像以上の収穫で、面談調査の結果なしでは、これほど役職員を動かす力は生まれなかったと思います。

そして、この訪問活動のまとめを受けて、「新・農業ビジョン」では、農産物のブランド化とマーケティング戦略で、一三の重点品目の活性化と伸張、加えて戦略作物の育成を提案し、「農家力」の向上を掲げて、ＪＡの営農事業戦略を提起しています。そのなかで、もっとも特徴的なことは、ＪＡの営農体制の革新と農家の対応方針の変更です。

農業経営を三つのタイプに分けて対応することを提案したのです。一五〇〇万円以上の粗収入のある経営およびそれをめざす経営を「Ａ農家群」、現状を維持する農家、もしくは面積拡大等を希望する農家を「Ｂ農家群」、自家菜園直売施設出荷型農家を「Ｃ農家群」としています。営農指導について、Ａ農家群には重点的な個別指導を、Ｂ農家群には個別・組織的指導を行い、Ｃ農家群には集団指導を行う、と例示して理解を求めました。

当然、賛同する意見と批判もありましたから、地域ごとの支部会議や生産者の組織、女性部や青年部といった組合員組織においても討議をしてもらいました。そして、結果的には、臨時総代会を開いて決議し、ＪＡの提案した方針通りに進めていくことになりました。

ちなみに、こうした取組みを通じて、ＪＡの販売高は二〇一四年から二〇一六年にかけて右肩上がりに増加し、品目別にみても、出荷額が二〇一四年以降増加して、出荷農家当たりの販売高が増えた品目は、一三の重点品目中八品目にのぼります。

ＪＡが農業の活性・拡大にこだわるのは当たり前のことですが、それに取り組むためには、マーケティングの技法の活用によって、農業経営の違いと数値の改善、質的向上、総体的な成長にいかに結びつけるかを考えることが重要なポイントであるといえます。

こうした取組みを通じて、ＪＡ邑楽館林の二〇一四年度から二〇一六年度の農産物の販売高は毎年、平均で五％前後伸びました。それは、A農家群への指導やサポート、B農家群への相談活動を通じて得られた成果であると考えています。このポイントは、先を進んでいける高い経営力をもっているA農家群の成長力を加速させること、**地域農業の振興を図る「核」の存在をつくること**の意義が大きいと思います。二〇一四年の年間農業粗収入が一五〇〇万円以上の農業経営体は一七六でしたが、二〇一六年には二一三へと二一％も増加したのです。この地域農業の「核」となる経営が、農業技術、マインドなどのシャワー効果を創り出すのです。

ちなみに、同ＪＡでは、剰余金の処分において二〇一四年度から二〇一六年度まで、肥料、農薬について九％の利用高配当を続けました。ＪＡの事業の成果を、すべての農業を営む農家に平等に配当するという考え方です。また、コメの全量買取り制度は画期的であり、二〇一四年度の主食用一等米で玄米六〇kgで八〇〇〇円、二〇一五年度一万八〇〇〇円、二〇一六年度一万二八〇〇円へと引き上げ、独自のルート販売等、役職員の努力によって、ＪＡへの農家の出荷率は限りなく一〇〇％に近い状況です。

■個々の経営力向上と組織力の活用で地域農業の活性を

前項で、農家を「A農家群」「B農家群」「C農家群」と分けることにしたのは、農家の経営規模や内容などが異なるのに、JAの営農指導や販売面での指導において、「一律的」な指導内容であったことへの反省です。そして、地域の農業を拡大・発展させていくうえで欠かせないのは、個々の農家経営力の特性や良さをしっかり活かして、伸ばしていくことです。そのためには農家の個々の違いを認めることで、まずは、A農家群の個々の経営的特徴を分析し、個別指導への取り組みを開始しました。このレベルでは、経営コンサルティング機能の発揮が重要になります。個別指導の手法については完成されたものはなく、まだ試行錯誤の状態が続いています。しかし、A農家群の個別の診断の評価が上がり、粗収入、所得面で成果が確実に生まれています。

しかも、農家数の減少、高齢農家の離脱、耕作面積の減少という、どこの農業地帯も抱えている課題を、実態数値には違いがあるかもしれませんが、JA邑楽館林管内の農業も例外なく抱えています。しかし、農家の農業経営力を高め、収入を確実に増やし、所得を上げ、JAの販売高を毎年増加させてきたという実績については、JAの役職員が自信をもち、さらに取り組みを強化したいと前向きになる強い動機づけの役割をもっています。しかも重要なことは、継続的な経営基盤をつくることです。

私は、すべての面で、同JAがこれからも成長を続けていくことが可能かといえば、そうそう順風満帆な状況が毎年続くとは限らないと思っています。ですから、対前年に比べて収入や所得が増えた減ったと一喜一憂するのではなく、持続的で永続的な農業経営をつくることが何よりも重要であると考えています。その意味では、**JAの役職員と経営規模の大きな農家との信頼の関係を「お互いに必要とし合う関係」に育てていくこと**がたいせつです。それをマーケティングでは、**インターディペンデンス（Interdependence＝相互依存）**といいます。

JA・役職員と農家、組合員との関係距離である「九〇cmの信頼関係距離」（一三三ページ参照）をつねに意識し、めざしていきましょう。

組合員の顧客化を問題視する関係者もいますが、大切なことは、どのような関係性を構築するかです。組合員との関係づくりは、言葉遊びではないのです。現実に、JAが事業経営を続けていく限り、事業取引関係も重要ですし、そこには顧客満足の関係構築が必要でしょう。さらには、JAのお家芸である組織活動に対してどのような関係をもっているか、また、集落座談会やイベントへの参加や運営への参画などの関係を通じて、互いに必要とし合う信頼の関係の構築が必要であると思っています。

農業経営力を高め、持続的に成長する経営としていくことを通じて地域の農業を活力あるものにし、安定的で高レベルの経営力をもつ農家を一軒でも多く増やしていくことが大切です。その意味では、二〇代や三〇代の後継者の農業経営に絞って、コンサルティングやサポートする体制も必要であるといえます。

そして、もう一つ地域の農業の活性とその拡大を図るポイントは、生産者組織、もしくは作目別部会組織のあり方です。今日の地域の農業を支えているのは、ポジティブで、エネルギーがあり、逞しさをもっている農業経営者であると思います。しかし、すべての農家にそれを期待するのは難しいでしょうし、周囲の農業者の考え方や経験的技術などを学んだり、みんなで取り組むようなことがあれば一緒にやりたい、という農家もいます。したがって、地域の農業の活性とその拡大に欠かせない要素として、生産者組織の存在が大きいと思っています。そして、明確な目標をもち達成意識の高い部会組織としていくことで、農家の経営レベルを確実に押しあげることが求められます。

ところが、近年、各種の生産者組織の活動が低迷していることから、部会組織の改革のコンサルティングも実施してきました。組織の活動が長く続いてきたことで、マンネリ化が進み、組織の目標があいまいになり、技術や経営を共同で学習する場が薄れてきて、飲食を通じた親睦組織になっており、新会員も加入しないなどが問題とされています。部会組織は親睦組織ではありませんから、**個々の生産技術や経営レベルの向上のための目標設定、産地としての農産物の量と**

質的な目標など、機能型組織として活力ある組織活動を再生課題として取り組むことが必要です。〝闘う生産者部会〟づくりこそ、いま求められています。ＪＡの営農・販売担当の役職員が、すべての部会組織の活動診断を行い、現状を分析し、今後の活動目標が明確であるか、目標達成のための活動が計画化されているか、年間の出荷量や品質に対しての目標達成状況はどうかを診断し、一覧化して部会組織の活性化を図ることが急がれます。場合によっては、巨大化した組織に関しては規模別、地域別、経営者の年齢別に分割することも一法です。ＪＡの部会組織の活動支援策（活動費）も、診断結果にもとづいて行えば、不満や批判は生まれないでしょう。

いずれにしても、個々の農業経営を伸ばすための生産技術、経営分析、経営診断などによる指導とともに、活力ある生産者組織に再生することで、個々の生産技術や経営のレベルアップを図る組織的な動機づけになることを期待したいと思います。

■組合員にこだわり、事業・経営を元気に！
――准組合員にＪＡ事業・運営への参画を！

ＪＡの特性の一つは「メンバリズム」、組合員主義です。組合員の、組合員による、組合員のための組織・事業活動に取り組むことが大前提です。

日本には、ＪＡや漁協、生協、信用金庫などの協同組合が存在していますが、その協同組合に加入している組合員数はざっと六五〇〇万人で、事業高は一六兆円とされています。

ＪＡだけをみると、二〇一七年三月末時点の組合員総数は一〇四四万人です。このうち正組合員数は四三七万人、准組合員数は六〇八万人で、全国の一八歳以上の人口（二〇一五年国勢調査）は一億四〇〇万人ですから、成人の日本人のちょうど一割がＪＡの組合員であるというわけです。このところ、正組合員は毎年減少、准組合員は増加しており、二〇一七年では差引き七万四〇〇〇人増加しています。この傾向はこの一〇年近く続いています。正組合員数と准組合員数が逆転したのは二〇〇九年のことです。また、戸数の逆転は二年後の二〇一一年のことです。

二〇一七年の正組合員戸数は三七一万世帯、准組合員世帯は四九〇万世帯で、合計で八六一万世帯です。ちなみに、同年の総務省の統計では、全国の世帯数が約五三七〇万世帯であり、ＪＡの組合員世帯はおよそ一六％にもなります。

ちなみに、生協の場合は、組合員数が二八七〇万人ですから、一八歳以上の人口のなんと二八％にもなります。ＪＡと生協を単純に足すと重複もあるかもしれませんが、一八歳以上の人口の三八％が組合員ということになります。また、生協組合員の世帯比率を三七％と推計していますから、ＪＡと合わせれば、全国の世帯数の五四％がＪＡ・生協の組合員世帯ということになります。

これだけの組合員数、組合員世帯数を抱えた組織に対して、目障りな存在だと思う人たちが少なからずいるのは当然のことですし、農業の地盤沈下が進んでいるというのに、ＪＡの事業や経営が健在であるという実態を快く思わない人たちが制度上の問題を持ち出して批判していることも否定できません。しかし、現実問題として、ＪＡの准組合員問題が大きく扱われるようになっているなかで、二〇一三年と二〇一八年の五年間で准組合員はどのくらい増加しているかをみると、興味深い状況がみて取れます。

まず、全国のＪＡの准組合員数は、五一七万人から六〇八万人へと九〇万人、一七・六％増です。これを地域別にみると、もっとも高いのは東海地区で三四・七％も増えています。近畿地区も二二・九％、北陸も二〇％を超えています。都道府県別にみても、もっとも高い県は五割を超えています。

これは異常なことでしょうか。いや現実の数値です。**准組合員になって、ＪＡの施設を利用したい、ＪＡと事業取引をしたい、ＪＡ組織の価値を認めてくれる地域住民のみなさんが多い**ということでしょう。ＪＡの組織や事業活動が地域に受け入れられているということであり、事業活動や商品にも魅力がある、といえるようなＪＡになりつつあると思います。ＪＡには、銀行のような堅苦しさがなく、敷居が低く、店舗も入りやすいし、相談もしやすい、そんな評価をしてくれる人たちが多いのです。

私がコンサルティングや教育研修で、継続的にお手伝いしているＪＡの場合、以前は、住宅ローンやＪＡ共済の契約上の必要性から准組合員が増えたということが大きな理由とされてきましたが、最近、様相は変わってきており、准組合員に加入する理由や動機も大きく変化してきていると感じています。

とくに、安心できる暮らしへの期待が高まり、新鮮で安心できる農産物を手に入れたいという欲求が強くなりつつあるなかで、ＪＡにその価値を見出す消費者が増えているのは事実です。協同組合の社会的な組織価値やこれからの不安な社会を考えるときに、地域の共同体への活動参加やボランティア活動への参加などに意義を感じる人も増えているのです。このほか、ＪＡの職員が積極的に地域の消防団活動を担ったり、地域の自治会の役員や学校のＰＴＡの役員を引き受けたり、ＪＡ職員の地域社会への貢献の実態も理解されるようになり、ＪＡの活動や事業に共感する人たちもいます。准組合員の増加は、ＪＡの役職員に元気と勇気を与えてくれています。こうした状況に対して、准組合員制度を見直す利用規制といった事態になれば、一〇〇〇万人の組合員は黙っていないでしょう。できることなら、もっともっと積極的にＪＡの理解者を増やし、協同組合の活動の輪をともに広げていく活動をアピールし、地域のなかに、さまざまな活動のきっかけをつくっていくことが必要であると思います。

最近では、ＪＡが運営する農産物直売施設が、確実に組合員を増やすことにつながる要素が大きいと思います。私が知る平均的なＪＡの直売施設の場合、売場面積が一〇〇坪程度であれば、売上高は一〇億円前後、年間五〇万人から六〇万人の来客数が期待されます。経営的にみても、スーパーマーケットをしのぐ経営効率の店舗もあるほどです。そして、直売施設開設から出荷農家数はどんどん増えていき、農家の販売金額も伸びていく過程で、来店客数も増えていきます。時間の経過とともに、青果物中心から花卉や惣菜、加工品などへと取り扱う商品が広がり、それが来店客数を増やすことになり、経営の好循環が生まれます。

三〇年前には考えられなかったのが、このＪＡ農産物直売事業です。私も、全国各地でＪＡの直売施設の建設をお手伝いしました。それまで、地域の住民の方がＪＡの店舗を訪れるのは、家庭菜園の資材の購入か、新規にローンを利用したい、共済に加入したい、といった金融や共済事業の利用目的がほとんどでした。その数は、一カ月でも数えるほどでした。ところが、農産物直売所はどうでしょうか。先述したように、平均的な規模で年間五〇万人を超えるお客さまがやってくるのですから、ＪＡの事業利用機会は一気に拡大したのです。

ところが、直売施設の建設をお手伝いして以降、オープン後の様子を見に出かけた際に、驚くことに遭遇します。それは、直売施設を利用する人を組織化しようとしていないことです。直売施設に出荷する農家については、出荷組合を結成しているケースが多いのですが、消費者組織をつくるケースが少ないのです。直売施設は、生産者農家が出荷する農産物と、それを求める消費者がいて成立するのです。消費者といっても、出荷する農家も消費者です。自宅で生産していない野菜は、直売施設から購入して帰ります。お弁当や惣菜、お菓子などは、コンビニエンスストアよりも安全で安心だと、昼ご飯に、三時のおやつに買って帰る農家は少なくないのです。私も、農家が出品するあんころ餅、だんごの類いは目がありません。そんな直売施設を愛してくれる人を組織しないなんて信じられません。直売施設のメンバーになっていただき、のちに、ＪＡの准組合員になっていただく取り組みをしたＪＡもあります。ＪＡという組織の強みは、〝組織による組織〟なのです。

もっと正組合員か准組合員かにこだわらず、組合員に対して、ＪＡの都合で、事業や商品の推進をするだけでなく、広い意味での協同組織の輪を広げ、地域の小さな農業を育てていくために、准組合員にも直売施設の利用者にも力を貸してもらう、それが組織化できれば、とてつもない大きな力になることを、真剣に、前向きに考えてほしいと願っています。国の食料自給率向上の前に、地域のなかの生産農家と消費者の満足の向上をめざすことです。

■准組合員の積極的な位置づけと運営参画を進めよう！

多くのＪＡで、正組合員数が減少し、准組合員数が増加するという傾向が続いています。この准組合員の増加については、政府・規制改革推進会議から農協改革の本丸ともいうべき「准組合員の事業利用規制」がこれから大きな問題になるようですが、この問題に対応するためには、個々のＪＡが明確な方針を組織討議して表明することが何より重要だと思っています。

ＪＡのなかには、あらためて協同組合の学習などを通じて、准組合員の組織活動への参加、ＪＡ運営への参画を考え、取り組んでいるところもありますが、動きとしてはまだ限られています。

組合員がいることの特性を活かすメンバリズムについて、まず、何かと喧しい准組合員の課題について考えてみることにしましょう。

私は専門家ではありませんが、今ごろになって、准組合員の事業利用規制を持ち出して、JAに自己改革を迫るという政府のやり方は民主的ではありませんし、きわめて感情論的な悪政そのものとの印象は拭えません。いざとなれば、組織を挙げて一大運動を起こすしかないでしょうが、いまできることは、全国のJAが、自分自身の重要な課題と認識し、准組合員の組織的な位置づけを明確にし、将来のメンバーシップ制度についての方針を組織決定し、内外に表明していくことではないかと思います。

現在の政府の経済政策の基底にある「新自由主義」による競争と規制撤廃の考え方が、将来への経済不安を増大し、格差を拡大させ、新たな貧困を生み出す現実的な問題として顕在化しています。しかし、これから先の不安定な社会を考えれば、協同組織の役割は大きくなることはあっても小さくなることは決してないと考えています。

JAにおける准組合員の増加が、正組合員の農業経営に不利益を与えているわけではなく、地域の企業や組織の活動を阻害したり、影響を与えているわけでもありません。何のためかを明示せず、行政が准組合員の事業利用を規制するなどという封建社会の暴君のような施策がまかり通るとは思えません。JAは、自主・自立の民主的組織です。国際的にも協同組合の価値が認められていて、ユネスコは協同組合について「共通の利益と価値を通じてコミュニティづくりを行うことができる組織」であり、「さまざまな社会的な問題への創意工夫あふれる解決策を編み出している」として無形文化遺産に登録していますから、それを否定するような規制改革推進会議などの姿勢は社会常識的にみて理解不能です。

とはいえ、ＪＡにも准組合員の増加について、どちらかといえば、放置してきたとみられても仕方がない面もあるのではないでしょうか。せめて、准組合員の運営参画や組合員としての平等性などについての考え方や方針を議論したり、検討をすべきであり、ＪＡの役職員の反省も必要です。

第二八回ＪＡ全国大会では、准組合員を「地域農業や地域経済の発展を農業者とともに支えるパートナー」として位置づけ、農業者の所得増大等の取り組みと併せて、准組合員の「地域農業振興の応援団」の取り組みを拡充するとし、准組合員の意思反映・運営参画をすすめ、組合員の「農」に基づくメンバーシップを強化することを決議しました。

農業の応援団も大事かもしれませんが、率直に言えば、准組合員のＪＡの運営への参画を積極的に進めるべきであると考えています。ＪＡとしての准組合員の位置づけや運営参画の方針を明確にすべきです。方針がでない場合は、**准組合員のアイデアを活かす場を用意する、ＪＡの事業施設の経営委員会などの場を用意し、実際的に経営に参画してもらうこと**です。

そのために、准組合員のなかから、ＪＡとの事業取引状況や併用事業利用度、准組合員加入年数、事業施設の利用状況などをもとにして選抜し、訪問対象准組合員とし、お宅を訪問します。人柄や職業（経歴）、家族、ＪＡの施設や地元農業への思いなどについてお話を聞かせていただきます。私の経験からしても、ＪＡの准組合員のなかには、長い企業勤めの経験があったり、金融や保険関係の職歴があったり、なかには学校で教鞭をとっていた人もいます。

定年を迎えた人で、ＪＡの組合員に自分の意志で加入した人は、農業にも理解があり、事業にも関心が高く、事業運営に知恵やアイデアを貸してもらえる人たちが多いのです。訪問を通じて、准組合員のリストアップを図り、ＪＡ内部の会議へ招聘したり、関心のあるＪＡの事業施設などの感想や意見を聞かせてもらうといった機会をたくさんつくることです。農業の応援団どころか、ＪＡの経営に積極的に関わってもらえる有能な人たちがいることを、ＪＡの役職員は認識することが必要ではないかと思います。

■ＪＡの施設運営・経営に女性と准組合員の参画を

私がコンサルタントの立場から感じていることは、ＪＡの女性の運営参画機会の少なさと前項でふれた准組合員をめぐる問題は、ＪＡにとって大いにチャンスであると考えるべきだと思っています。

正組合員のＪＡの事業利用をみると、おおよそ八割の事業をほぼ二割の組合員が担っているという実態があります。農産物の販売高に関しては、一割強の組合員が九割の販売高を担っている、というＪＡもあるでしょう。同じように、ＪＡの組合員組織への参加、集落座談会への出席、イベントへの参加などを考えてみてください。このような参加機会を逃さず、参加・出席してくれる正組合員がどのくらいいますか？　これまた、二割の組合員が八割の参加機会を支えてくれているのではないですか？　しかも、実際に事業利用を決定し、会合などへ参加してくれる女性が多いことに気づきませんか。なぜ、それを活かす仕組みにできないのでしょうか。

一方、准組合員の事業利用はどうでしょうか？　私の経験では、正組合員と同様で、限られた一部の准組合員の利用度合いが高く、イベントや運営などで発言できる機会を活かすのも一部の准組合員であるといえます。しかし、ＪＡの事業利用量、各種事業の併用利用度の高い准組合員のなかには、農業にも強い関心があり、企業でマーケティングやマネジメントの経験が長く、農産物直売所の運営にも積極的に意見や提案をしてくれる人たちがいます。

私は、現在コンサルティングを行っているＪＡでお話ししているのは、ＪＡの事業環境が悪化しているこの機会を活かして、ＪＡの各種事業施設などの経営や運営の民主化を進めたらどうか、と提案しています。たとえば、農産物の直売施設の運営に関していえば、「○○直売施設・経営委員会」のような組織を立ち上げ、施設を利用する正組合員・准組合員の代表者、とくに女性を中心とした経営委員会による運営を進めていくという考え方です。今すぐにやれるＪＡもあるでしょうし、向こう三年以内のスケジュールで、計画的に施設の運営の民主化、経営の社会化を実現していくことは可能でしょう。

JAの直売施設だけでなく、支店や事業店舗、ガソリンスタンド、福祉施設、葬祭事業施設など、運営を積極的に組合員参加型にしていき、経営の民主的運営に移行していくという考え方です。営農施設についても、農業者だけでなく、地域の農家の女性や准組合員の知恵やアイデアを活かしたいし、准組合員のみなさんのネットワークを通じて、JAの施設運営の健全化を図る絶好の機会だと考えています。応援団以上の大きな期待があります。

JAのなかには、都市近郊のJAであっても、准組合員から総代を選ぶこと、公益権や議決権を与えることについて否定的な考えを示す正組合員の存在があります。この壁がまだまだ高い以上は、現実的なJAの施設運営への経営参加の道を開くことが賢明ではないか、と考えています。准組合員の運営参画とともに、正組合員やその家族の女性に積極的に参画してもらうことです。

■組合員との関係性を確認し、向き合い方を工夫しよう
——組合員数や職員数の変化で多様な対応が必要

繰り返しになりますが、JAの特性の二つめはメンバーシップの組織であることです。メンバーである組合員にしっかりこだわる事業活動や組織活動が必要になっています。そこで、統

計資料（農林水産省『総合農協統計表』）を使って、約六〇年あまりのＪＡ組織の変化を辿ってみましょう。

ＪＡの六〇年の歴史は、一九六〇年（昭和三五年）の総合農協数が一万二〇五〇組合、それが三〇年後の一九九〇年（平成二年）には三五七四組合へ、二〇〇〇年（同一二年）に一三四七組合、二〇一〇年（同二二年）には七四五組合へと一気に減少していきます。ちなみに、一〇〇〇組合を切ったのは二〇〇三年（同一五年）のことです。

この合併によるＪＡ数の減少にともなって、当然のように一ＪＡ当たりの組合員数は増加します。全国の平均値でその推移をみると、一九六〇年、農業基本法ができる前年、一ＪＡ当たりの組合員数は五四三人で、このうち正組合員数は四八〇人でしたから、正組合員比率は八八・四％と高率でした。それが二〇年後、高度経済成長期を経て二度のオイルショック後の一九八〇年には、同比率七一・五％に低下します。さらに、その二〇年後、バブル崩壊後の二〇〇〇年には同五七・六％へ、そして、ついには二〇一〇年に四八・七％に低下し、准組合員数が逆転します。最近の二〇一六年度の『総合農協一斉調査』によれば、一ＪＡ平均組合員総数が一万五八〇〇人に、このうち正組合員は六六〇八人で四一・八％となっています。

組合員数が一ＪＡ当たり一万人を超えるようになっていくと、徐々に、組合員の姿がみえにくくなるのは当然の状況であるといえます。そして、組合員が顧客化するという状況も理解できます。顧客化は協同組合論的にはよくないことかもしれません。その意味では、よほど組合員の営農や暮らしとの向き合い方を意識的に変えていかなければ、職員は単なる事業の推進者になってしまい、組合員が顧客化し、ＪＡの特性であるメンバーシップの組織からはどんどん遠ざかってしまう危険性をもっています。

というのは、ＪＡの合併の進行によって、一ＪＡ当たりの組合員数が年々増加していくなかで、ＪＡの職員数はどのように変化したかをみると、逆に、職員数は減少を続けてきています。全国のＪＡの職員数が統計上ピークとなった年は一九九三年（平成五年）で、三〇万九一八人と瞬間風速のように三〇万人を超えています。この年から職員数は減り続け、二〇一五年（同二七年）には二〇万四五一六人とほぼ三分の二に減少します。そこで、一ＪＡ当たりの職員数を計算してみると、一九九五年（同七年）は一二二〇人ですが、二〇一五年には二九八人へとほぼ三倍近くになります。

では、この数字を使って、一職員当たりの組合員数を単純に計算してみると、二〇一五年では五〇・七人です。これに対し、二〇年前の一九九五年の一職員当たりの組合員数は三〇・三人でしたから、単純に考えて、一人の職員が担当すると考えられる組合員数は一・七倍に増加しています。

ここで、あえて一職員当たりの正組合員数を計算してみましょう。すると、一九九五年は一八・三人でしたが、二〇一五年には二一・七人と増加します。正・准組合員への対応度合いは一律ではないと思いますが、この数値をみてどう考えたらいいでしょうか。職員数は減少してますから、正組合員対応の方法を考え、工夫する必要があります。

ついでながら、営農指導員と農畜産物の販売担当職員と正組合員との関係もみておきましょう。一九九五年の一JA当たりの営農指導員数と販売担当職員数は一五人ですから、当時の正組合員数を割ると一人の職員は一四七人の正組合員をみていたという計算になります。それが二〇一五年では、当該担当職員は合併で四四人に増える一方で、正組合員数も増加していますから、一人の担当職員が一四七人の正組合員をみている計算になり、二〇年前と変わっていません。

JAの合併の進行によって、一JA当たりの組合員数は増えました。職員数も増えました。その結果、一人の職員が組合員に相対する機会が減少している、ということです。これはあくまでも計算上の話ですが、この状況をどのように活かすかを考える必要があるということです。もっといえば、組合員との関係を強化していくための対応と時間の使い方について、未来志向でしっかりと工夫することが必要ではないかと思います。

■二割の組合員が八割の事業を利用している現実から
――組合員利用拡大の可能性の大きさ

先ほどのJAの職員数と組合員数との関係を考えれば、もっと組合員にこだわり、もっとメンバーに相対することができる強みを発揮すべきではないか、と考えてみることが必要ではないでしょうか。

一時、ＪＡでは組合員の営農や暮らしとしっかり向き合うということよりも、事業の推進活動と実績額に注意が払われ、職員の尻をひたすら叩いて事業を伸ばしてきたという時期もありました。しかし、現在は少し落ち着いてきているとは思いますが、今度は、逆に、組合員に向き合うとしてもどんな仕事に切り換えていかなければいけないのか、という明確な方針がみつからないとの悩みも耳にします。

私は三〇年前から、ＪＡは組合員との関係性が重要であると言い続けてきました。いまも変わっていません。ＪＡの事業にもっとも大切な要素であり、エッセンスであるリ**レーション・マーケティング（Relation Marketing＝関係性のマーケティング）が不可欠**です。このマーケティングの活用方法については第二章で詳しく紹介しますが、ここでは組合員との関係を強化することの意味、その大きさについて説明したいと思います。

まず、ビジネスフレームワークの「ＡＢＣ分析」を使って、**二割の組合員がＪＡの八割の事業を利用している**ことを説明し、これからのＪＡ事業における組合員との戦略的な事業活動の方法を考えてみることにします。このフレームワークの活用は、ＪＡの全体的な仕事の戦略性を考える場合に使い勝手がよく、役職員間でイメージを共有しやすいという特徴をもっています。

読者のみなさんは、売上げの八〇％は二〇％の上位顧客によって占められているとか、二割の売れ筋商品で全売上げの八割を占める、といった話を聞いたことはないでしょうか。これを

図1－5　2：8の法則と組合員事業利用の現状

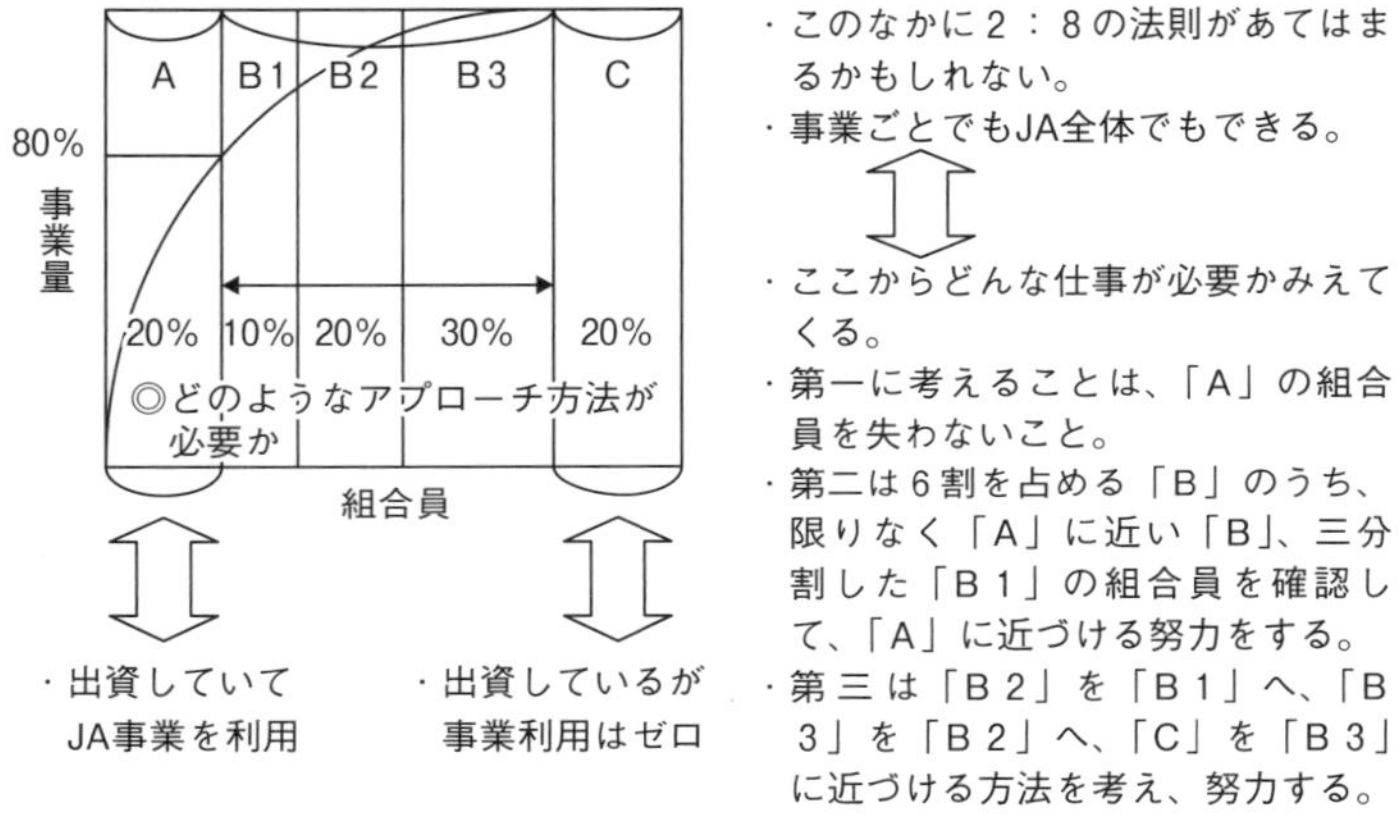
A
B1
B2
B3
C
80%
事業量
20%
10%
20%
30%
20%
◎どのようなアプローチ方法が必要か
組合員
・出資していてJA事業を利用
・出資しているが事業利用はゼロ
・このなかに2：8の法則があてはまるかもしれない。
・事業ごとでもJA全体でもできる。
・ここからどんな仕事が必要かみえてくる。
・第一に考えることは、「A」の組合員を失わないこと。
・第二は6割を占める「B」のうち、限りなく「A」に近い「B」、三分割した「B1」の組合員を確認して、「A」に近づける努力をする。
・第三は「B2」を「B1」へ、「B3」を「B2」へ、「C」を「B3」に近づける方法を考え、努力する。

＊筆者作成

「二：八の法則」と呼ぶ場合もありますが、「ABC分析」とも呼びます。

図1－5に示しているように、二割の組合員が八割のJA事業を利用しているというのは、おおよそイメージで理解していただけると思います。わかりやすくいえば、大口の貯金をしている組合員の上位二割の組合員について、貯金残高を足していくと、JAの貯金残高の八割を占める、ということです。実際に調べたJAがありますが、それに近い値になりました。

ABC分析でわかることは、二割の組合員が八割の事業利用をしているという〈A〉の組合員の存在と、残りの二割の事業量を六割の組合員が利用しているという〈B〉の組合員の存在と、組合員だけどほとんど利用していない〈C〉という組合員がいることを示しています。

この図をみてどのように思いますか？　何を

しなければいけないと思いますか？　まず、今後のJA事業を考える場合、〈A〉の組合員に対しては、どんなことがあっても失ってはいけない、この事業利用を続けてもらえるようにしたい、と考えるでしょう。そして、〈A〉の組合員への対応について、何らかの方針を考え、具体的なアプローチの方法を検討しなければならない、ということでしょう。つぎは、〈B〉の組合員に対する対応はどうしたらいいか、どのようにして利用を増やしてもらうか、そのために、どんなアプローチの方法がいいのかを考えなければならないでしょう。この図では、〈B〉の組合員をさらに三つに分け、〈B1〉の組合員から〈A〉に近づけるアプローチを考えるということになります。

　そして、最後に、〈C〉の組合員についてです。組合員ではありますが、ほとんど利用がない組合員です。この組合員には、どんな方針で、どんなアプローチをするのがいいでしょうか。

　この簡単な図ですが、考えなければならないとても多くのことがあることに気づかされると思います。しかも、何をするかについての正解はありません。どんな提案もやり方も間違っていません。でも、たくさんのアイデアのなかからベストな選択をしなければいけない、というのがビジネス上のセオリーです。やれること、成果につながること、が選択要件です。

　そして、ここで知っていただきたいことは、どんな事業でも、どんな仕事であっても、**「大勢は少数の要因によって決定される」というビジネスルール**です。バラバラに構成されているようにみえることであっても、一部の少数の要素が全体を構成している、あるいは、大事な一部を見逃すと全体がみえないということです。〈A〉の存在がJA全体の事業を牽引している、というわけです。ですから、この〈A〉をどう位置づけ、どうしたいかは、〈B〉にも〈C〉にも反映するということです。

そして、この図からもう一つ読み取ってほしいことは、〈A〉が八割の事業を利用しているのだから、**利用が少ない〈B〉や〈C〉の存在の大きさは、JAの事業伸張の可能性の大きさでもある**ということです。組合員を対象にしたアプローチの方法いかんで、事業は伸ばしていくことができる、その可能性は大きいということです。利用度の高い〈A〉の組合員との関係は、〈B〉や〈C〉の組合員へのアプローチの方法として活用できることがあるはずですし、ヒントが隠されていると考えてみれば、〈A〉との関係を再考・検証するのもいいでしょう。

誤解がないようにしてもらいたいのは、〈A〉の維持を最優先課題にするとしても、〈A〉に頼り切った事業では伸びしろを失ってしまう、ということです。

■組合員との生涯の関係づくりを！
——事業併用利用のメリットを組合員に提供しよう

JAの事業目標は、貯金残高、貸出金残高、共済契約高、経済事業の取扱高と販売高などというように、事業別に、月ごと、四半期ごと、年度ごとに、数値、金額で目標を設定し、その実績も数値、金額で表して管理し、目標に対して達成率を示す、というやり方が伝統的に行われてきました。目標設定と実績管理の方法としては一般化しており、総括表を作成して、役員や企画会議の資料としていました。

しかし、現在は少し様相が変わってきています。一つは、事業のデータがスピーディに取れること、容易に集約・分析が可能であることから、支店別、事業施設別に詳細なデータが取れ、議論や検討の幅も広がっています。ただし、議論するテーマは大きく変化していないし、会議に参加している役職員の考え方が大きく変わったわけではないので、意外にも、会議内容はあまり進化していない場合が多いようです。事業の方針・やり方も変わらないのですが……。

ＪＡのコンサルティングのテーマのなかで比較的多いものに、支店や事業施設の再編整備があります。たとえば、三つの老朽化した小規模の支店を再編整備して、新たな場所に新支店を建設するというコンサルティングの例です。

こうした再編整備では、組合員の利便性が失われるという意見が多く、理事会でも、年金受給者にとって店舗が遠くなるから反対だとか、遠くなれば組合員が離れていくのではないか、新しい店舗を建設して経営できるのか、などさまざまな質問が飛び交います。そこで、私たちは、それぞれの支店を利用している組合員の利用状況を調べたり、話を聞きに組合員のお宅を訪問したりします。

そこで行う作業は、支店をよく利用してくれている組合員がどういう取引きをしているかを調べます。そしてわかることは、ＪＡをこよなく愛していると思える組合員が多いということです。たとえば、生産している農産物をＪＡに出荷している農家で、年間一〇〇〇万円ほどの取扱高があったとすると、この組合員は出荷した農産物の取扱高の二五％ほどの金額の経済事業取引があるのです。いわゆる生産資材をＪＡから購入しているのです。さらに、この農家は、ＪＡに正組合員世帯の平均の二倍を超える貯金残高をもっていますし、共済契約件数は同じく正組合員平均の一・八倍もの共済契約件数があり、所有する複数台の車はＪＡから購入し、自動車共済に入ってもいます。日頃からＪＡのガソリンスタンドを利用しています。事業利用度の実態を把握するために、かつては「総合口座」の通帳を年間何冊繰り越すかで〈Ａ〉の組合員をみつけていた時期もあります。

いずれにしても、前項で説明した〈Ａ〉の組合員は、それぞれの支店の管内にたくさんいます。そこにＪＡは足を運び、話を聞き、再編の準備、計画を立てるのです。ＪＡからいえば、毎年、感謝状をお渡ししたいような組合員に、新しく建設する支店でも率先して利用を継続してもらうことが最優先の課題です。話を聞く組合員は一割未満ですが、支店に来てもらい再編計画を説明したり、職員が訪問して〝意図した雑談〟をしてもらったりするだけでアンケートには一切頼りません。直接、組合員と対話をし、何があれば継続して利用してもらえるかを探り考えるのです。若手の職員も、こうした組合員の話を聞いていくうちに、支店再編の成功への確信が高まります。これが「大勢は少数の要因によって決定される」というビジネスルールです。

私たちは、**支店再編はこれまで以上のサービスを提供することにある**、と考えています。いままで以上に来店者が増え、多くの人に利用していただける店舗にしたいと考えます。そして、組合員や支店周辺地域のみなさんには、半年前からチラシやポストカードを六〜八種類ほど作成して、配布します。建設予定地の作業風景、鉄骨が組み上がった情景、完成した建物、配属職員の顔写真・自己紹介、店舗内のレイアウトなど、大判のポストカードやチラシを作成して訪問します。もちろん、年金受給者への配慮、車のない組合員、障害やハンディキャップをもっている組合員など、一軒一軒調べ、希望を聞いて対応できるところは対応します。

こうした積み上げをしてきて、**「一人たりとも組合員を失わない支店再編」**を行うという宣言につながっています。こんな宣言をして仕事をして三五年も続いていますから、コンサルタントとしての公約を果たしてきたと考えていいかな、と思います。

大切なことは、詳細な調査や個人情報を取らずとも、現場の支店長や渉外職員と話をしていて、組合員のJA事業の利用状況を把握することで、どのような組合員にターゲット（的《マト》）を絞ることが必要かを考えるのです。∧A∨の組合員は、JAの事業利用ばかりか、組織活動やイベントなどのヒントも提供してくれます。こうした組合員がいるJAは幸せです。それに何倍も熨斗《のし》を付けてお返ししなければいけません。定型的で、標準的で、前例踏襲型の仕事を繰り返し、工夫のない職員では、組合員との関係性を持続し、強くしていくことはできません。

最近、あるＪＡで行った役職員集会でのパネルディスカッションで、組合員組織の代表が熱い話をしてくれました。「私たち組合員は、ＪＡに感謝しながら、率直な意見をお話しし、議論を進めます。私たちからＪＡを離れることはありません。離れるとすればＪＡです」あらためて、ＪＡの役職員が組合員とどう向き合うか、を教えられた気がしました。

ＪＡはいま、組合員に対して、こだわり倒すほどのエネルギーをぶつけていく時代です。そして、メンバーシップの強さと未来志向の信頼と相互に必要とし合う関係、インターディペンデンス（相互依存）の強さを確認し、外部にも発信したいものです。

■地域にこだわり地域の変化を把握しよう！
――地域はＪＡの活動基盤、地域の真ん中に

二〇一九年度からスタートするあるＪＡの中長期計画のなかで、新しい制度の創設を掲げています。それは「メンバー・パートナーシップ制度（ＭＰ制度）」というもので、地域のなかでハンディキャップをもっている組合員やＪＡ事業利用者に対する職員の暮らしサポート機能の発揮です。農村地域を抱えているＪＡですから、その必要性を感じてのことです。

高齢者で〝交通弱者〟と呼ばれる組合員で移動手段がない、日常的な暮らしが不便でサポートが必要な組合員、病気や障害を抱えている組合員、働く女性で課題を抱えている組合員など

を対象にしています。サポートが必要な組合員に対して、最初から一〇〇%期待に応えることはできませんが、着実に活動レベルを上げていき、〝組合員暮らしサポート〟を前進させていきたいと考えています。その仕組みを担うのが、MP制度です。JA事業利用者フォローの一環として、組合員の暮らしに焦点を合わせて、JAの職員ができることを、可能な限り、未来志向で考え、実行していこうというものです。

この背景には、近い将来のJAの支店などの金融店舗の業務活動は大きく変化していくとの予測にもとづいています。端的にいえば、これからは**店舗で来店を待つ支店業務中心から、訪問・連携・相談へ**、という「新ホウレンソウ」にもとづく活動への移行を模索していく時代に変化すると考えています。支店をアクティブな活動拠点として位置づけ、組合員の暮らしに密接に関わる業務や活動にウエートをかけていく体制を整備していくという考え方です。そして、行政や他の組織団体と協力をしながら、このサポート制度の支援内容の充実とカバー率の向上を図りたいというねらいです。新しい取組みで、大いに期待がもてます。この制度設計については、人と時間と場所とサービスに関しての障壁が想定されるのですが、むしろ歩きながら考え、整備していくことが必要だと思っています。

ところで、JA合併は一九六〇年代以降、継続して進行してきました。一九六〇年代にJA数は全国で一万二〇五〇組合ありましたが、一九九〇年には三五七四組合に、三〇年間で約七割も減少しました。さらに、二〇一八年三月時点で六四六組合ですから、一九九〇年以降の平成の時代にＪＡ数は八割強も減少したことになります。これに対して、市町村数をみると、一九六一年四月に三四九〇でしたが、三五年後の一九九五年にも三二三四あり、この三五年あまりの減少率はわずかに六％です。

そして「平成の大合併」になるわけですが、一九九九年（平成一一年）四月に三二二九あった市町村は、一〇年後には一七二七へとほぼ半数に激減します。それ以降は落ち着いた動きです。

このＪＡ合併と市町村合併は、ＪＡの組織・事業活動に大きな影響を及ぼしたと考えています。合併が先行したＪＡは再合併を行うケースもあり、さらには、支店や営農経済施設などの再配置や統合的な整備を行ってきています。農協組織が誕生して以降、農業の振興施策や農家対策などについて一体性があった行政との関係が薄らいでいくことになったと考えられます。もちろん、農業の後退や農家の構造変化などが反映していると思われますが、ＪＡは合併の先行と施設整備の進展で、事業推進に傾斜して、行政との関係が薄らぐことになったと考えています。それは、ＪＡが行政域を越え、複数の市町村を管内に抱えるようになって、地域社会へのこだわりよりも、事業へのこだわりにウエートをかけるようになったともいえます。

ＪＡの支店や施設の再編整備を通じて、事業効率を優先せざるを得ないという経営的な課題は理解できますが、地域社会とどのように関係性を構築するか、どんな事業的なフォローが必要か、その点が不明確であったといえそうです。

ここで指摘しておきたいことは、合併はたしかにJAの経営力を高め、事業効率性が向上することは事実で、意味があることと思っています。しかし、合併後、事業の運営体制の変革を行い、支店や事業施設に重点を置く、現場が計画を立て、事業を行っていく方向に組織を変化させていくことが必要であると私は考えてきました。また、その方向は間違っていないことを、多くのJAのコンサルティングを通じて確認してきました。しかし、支店や事業施設ごとの仕事のすすめ方や展開方法によって、組合員・利用者との関係を弱めたり、地域社会や住民との距離が遠くなるという危険性をもっているということもあるのです。

そして、支店や事業施設など、地域の最前線で働く職員や施設の運営や利用状況、組織運営上の機能や事業活動にも影響を与えているように思います。この点については、第三章でも触れたいと思います。

■地域ごとの違いを組織・事業活動に！
――支店ごとの個性や条件の違いを活かそう

私はJAの中長期の計画策定や事業戦略策定のコンサルティングでは、最初の仕事として、管内地域の代表的な支店や事業施設を一人で訪問することにしています。いくつかの支店や施設を覗いてみることで、ある程度、そのJAの姿がイメージできるからです。職員からは、日頃見ないおじさんが何の用だろう？　と興味津々の視線を向けられますが……。

そして、最初に行うもう一つの重要な作業、それがすべての支店について作成する「支店カルテ」です。これまで多くのＪＡのコンサルティングを行ってきて、この支店カルテのようなデータや資料をつくっているＪＡはほとんどありませんでした。

支店はＪＡ経営の「要」です。支店の経営が健全なＪＡは、ＪＡの経営も健全です。なぜなら、ＪＡの収益のほとんどは、支店や事業施設によって生み出されるからです。生み出す収益が少ない支店や事業施設が多いＪＡは、支店や事業施設などの施設の再編や整備を先送りしてきたＪＡです。それは、支店や事業施設の一つひとつが、経営体であるという考え方を取り入れてこなかったからではないかと思います。事業の実績と損益管理上の数値については支店ごとに作成されています。しかし、それはあくまでも結果であって、結果を生み出すプロセスがみえないのです。そのために、支店や事業施設での事業に対する課題や方法についての話し合いや、改革・改善について検討を行う機会がなかったともいえます。

また、人事異動で新しく支店や事業施設に配属された管理職も、一般職も、その支店や事業施設の特徴も課題も数値的に整理された状況を把握することもなく、事業の引き継ぎだけが行われます。それで事業が継続されていくわけですから、職員の異動によって、新しい見方や他からの経験が活かされて、仕事の内容に変化が生じる、というような期待もできないのです。

それは、組合員主義・地域主義ではなく経営主義だったといえます。

せめて、支店や事業施設で働く職員に、事業や経営の環境からJAの組織・事業・経営に至るまで、最低限知っておいてほしいことをわかりやすいデータとして、今後、メンテナンスしながら残したい、そしてそのような情報を職場全体で活用できるようにしたい、という思いから「支店カルテ」の作成を始めたのです。二〇年ほど前からのことです。

この「支店カルテ」は、JAが把握している組合員、支店店舗、管内地域、事業別の件数・データなどに加え、行政のデータなども収集して、すべての支店の情報を集めて、特定の様式にカルテとしてまとめます。このカルテはJAによっても違いがありますので、役職員と話し合いをしながら、そのJAオリジナルなものを作成します。また、それを非常勤の理事にも配布します。理事には出身地域の支店の事業や経営に〝責任〟を負ってもらいたいために、説明をして渡すことにしています。

とはいえ、わが社の「支店カルテ」のひな形を渡して、すぐに全支店分を作成できるJAは限られています。そこで、三〇歳前後の若手職員に短期間のビジネス能力開発研修を行い、支店カルテの暫定版を作成します。つぎに、全支店の巡回調査を行って、店舗施設・店内設備・サービスなどの項目について、「店舗診断チェックリスト」を使って診断調査を行います。これは、これまでJA以外の金融機関も含め、店舗診断に使ってきたもので、JA版も経験と時間を重ねるごとに進化したリストになっています。

こうした一連の調査を終えてから、チームとともに暫定版リストを見直し、正規の「わが

JA版・支店カルテ」を作成します。それに、巡回調査や店舗診断の結果を判断しながら、全支店についての「現況調査報告書」を作成します。

支店カルテの主な項目は、支店の管内の組合員に関するデータとして、正・准、個人・団体、平均年齢、世帯数などの項目が一五項目、職員数・担当別・男女別などの職員に関する項目が一四項目、店舗建設年月、経過年数、残存価格などの店舗施設に関する項目が六項目、地域データとして支店管内地域の人口・世帯数などの数値、店舗から半径三〇〇m、五〇〇m、一km以内の人口と世帯数などを記載し、すべての項目の数値は五年前のものと比較し、増減を合わせて検討できるようにします。支店は地域社会と密接に関係して存在している実態が理解できます。

この支店カルテの数値をもとにして、全支店の事業伸張率や収益率、事業取扱高、残高金額、契約高、利用者数、世帯数などの数値をタテ・ヨコ軸に合わせて、マトリクス図（現象と要因など行と列で配置し、行と列の交点に相互の関連の程度を表示する）を作成すると、支店店舗すべてのポジションがわかります。ということは、この図を眺めてみるだけで、支店ごとの違いが歴然とわかるものになっており、職員がみても、非常勤理事がみてもはっきりと平易にわかるようになります。「うちの支店の強いところ」が一目でわかることになります。あるいは、反対に「うちの支店に足りないもの」をみつけ出すことも容易です。いわば、優先して取り組むべきことの「答え」がみつかるのです。

もう一つ、「支店カルテ」を通じてわかることは、マトリクス図のなかから支店の店舗ごとに異なる状況があることから、支店を三つないし五つのグループに分けることができます。たとえば、広域合併JAの場合、支店の数は三〇以上あるでしょうから、一律の店づくりの方針を採用することは実態に合いません。また、一律に組合員数などに応じて目標を立てるといったことは、現実にはあり得ないことです。このマトリクス図を作成することで、三つないし五つのタイプの計画・目標づくりの方針ができるわけですから、本店の企画担当者も支店の現場責任者も、納得できる条件をもって共有し、数値目標についても、これまで以上に現場に配慮した計画を提示することができ、双方の話し合いもスムーズに進むという利点があります。

付け加えると、支店カルテと同じように、JAの管内地域に再編整備されている営農・経済事業の拠点施設「営農・経済センター」といった名称の施設についてもカルテを作成します。こちらは、営農・経済事業に関するデータと管内地域の農業に関するデータを整理してまとめたものです。営農指導に関係する農家・農業経営の経営数値、JAの経済事業の供給実績、商品別の実績データ、作物別の生産実績やJAの販売事業の実績などを、五年前の数値とともに比較検討できるようにつくられています。都市部のJAではその必要性は低いかもしれませんが、農村地域のJAでは、営農・経済事業の動向は理事会でも組合員組織でも関心が高く、理事会への提出だけでなく、カルテの内容を再編集して組合員にも渡しています。組合員に営農・経済センターの事業動向や経営内容・課題などを知ってもらうことは、とくに重要だと思っています。

そして、一部のＪＡですが、**営農・経済センターごとに、農業振興計画を策定するＪＡ**もあります。私たちもお手伝いするのですが、営農・経済センターは、ＪＡ合併前の市町村単位で設置されてきた傾向が強く、農林業センサスなどを使い、中期的な計画の作成を行います。そして、主要農産物の生産動向や販売実績、経済事業の購買実績、品目別実績など詳細な数字を採録して、表や図でわかりやすくすることで、農家の関心も高くなり、ＪＡの経済事業への質問も出るようになったと聞いています。担当役員からは、次のようなコメントをもらいました。

「この『営農・経済センターカルテ』を作成して一番うれしいことは、職員自身がセンターの内容を見直してくれたり、農業のことを数字をあげて説明できるようになったことです。また、農業振興のことや営農・経済センターに興味を感じた組合員に、具体的にわかりやすく説明できるようになったことで、職員の働き方が変わったように思います」とのことでした。

組合員のみなさんだけでなく、職員自身も、営農・経済センターの業務や実績について興味をもち、これまで以上に、積極的に組合員へ提案をしているようです。

■地域にこだわる支店の活力と現場力
――残高や取扱高よりもシェアやパーセンテージ（％）を重視しよう

ＪＡは合併によって大きな組織になりました。県域のＪＡも増えましたし、これからも県域ＪＡが生まれそうです。ＪＡの管内地域が広がれば広がるほど、地域ごとに整備され、拠点化された支店や事業施設の機能や役割を強化せざるを得ない状況になります。これまでも合併によって、支店や事業施設の再編整備が行われてきましたが、現実には、支店や事業施設の権能が拡大し、それぞれの現場での主体的な取組みや意志決定が行われても、それが実行されるということは少なかったように思います。

近年の広域合併は、組織が大きく、その地域の広さは従来のＪＡの比ではありません。そうであればあるほど、出先となる店舗や施設にどのような権能を与えるか、それぞれの現場がいかに主体的に、効率的に行動し、組合員の営農や経済に貢献するか、こうした組織としての方針を明確にすることが何よりも重要です。一方で、**支店や事業施設の事業や経営を統括する管理者（マネージャー）の能力や支店職員・事業施設職員自身が考え、行動できる「現場力」を高めること**も、また同時に取り組まなければならない課題です。本店や本部からの指示や命令、目標に左右されてしまうようでは、それこそ代理業務を行っているようなものとなってしまいます。

これまで、ＪＡのコンサルティングを通じて、支店や事業施設の課題を考えてきましたが、これまでとは異なる課題や目標の設定の必要性を感じています。それは、端的にいえば、**「￥」から「％」への転換**です。

これまでの支店や事業施設に向けられていた目標を考えてみてください。事業別にみれば、貯金残高、貸出金残高、共済契約高、営農資材供給高というように、金額ベースで目標が設定され、その金額を目標として職員が活動するというのが一般的でした。ところが、その支店・事業施設別の目標の金額は、何をもとにして計算されたものかを考えれば、対前年度比という目標づくりの論理が基本に据えられているのです。この対前年度比という目標設定は、一九六〇年代の経済成長時代に、多くの企業が経済成長率を参考にして、その数値を会社の主要な事業数値に当てはめて目標設定した経緯がありました。

ＪＡの場合は、合併して規模も大きくなり、支店や事業施設の数も増えているのですが、いまだに前年度の実績をもとにして、本店や本部が目標基準をつくり、すべての支店や事業施設の目標数値を設定する、という目標づくりを行うＪＡが多いという印象をもっています。

こうした支店や事業施設の目標設定を本店や本部が行うということは、**それぞれの現場が事業活動を行ううえで、組合員や管内地域と十分に向き合っていない、いわゆる前年踏襲型の事業を繰り返すという危険性をもっている**と考えられます。いうまでもありませんが、前年踏襲型の事業活動は後ろ向きであり、未来志向の経営ではありません。しかも、事業推進サイドの考えが色濃く事業目標に反映されていると考えられ、職員の仕事へのモチベーションを高めることも難しいように思われます。

そこで、提案したいことは、前年度の取扱高、残高金額などの金額目標に加えて、地域におけるJAのポジションを確認し、シェアを目標におくことです。「円」から「%」へです。もちろん、都市化が進み、一般世帯が多い地域では難しいでしょうが、農村地域を抱えている地域の支店や事業施設に関しては、シェアを重視して、仕事の幅を広げていくこと、事業対象とする地域や世帯を広げていくことを考えるべきです。

たとえば、二〇年以上にわたって、毎年、八都県中央会が主催して実施している「支店長研修」を受講する支店長に「支店が把握している管内地域のデータには、どのようなものがありますか?」と質問するのですが、はっきりと意識して数字を把握している支店長はほとんどいません。極論をいえば、支店管内地域の人口、世帯数、高齢化率などの数字も把握していません。正組合員数や准組合員数と同じく、支店の管内の基本データの把握は最低限必要なことです。裏返していえば、組織活動や事業活動を検討する際に、管内地域の状況を参考にしていない、という仕事のやり方を証明しています。さらにいえば、マーケティングによる仕事のすすめ方やそれぞれの支店が事業戦略やその方針を策定していない、ということになります。

そこで、市町村が公表しているデータとしてどのようなものがあるか、まずは管内地域の市町村のホームページの「行政情報」から入り、「統計」か「各種計画」あるいは「施策」を開くと、統計関係の資料や統計を活用した解説をみることができます。通常は「統計」から入ります。まずは、住民基本台帳調査にもとづいて、毎月の人口と世帯数（流入・流出）が把握できますし、さらに、市町村内の区・町内会別年齢三区分別人口、年齢五歳階級人口などの数値を把握できます。これで、支店の管内地域の人口や世帯数がわかりますが、同時に、支店から半径三〇〇ｍ、五〇〇ｍ、一㎞で円を描いたときの人口（五歳刻み）世帯数などもわかります。半径内の数値は正確な数値はつくれませんが、目標値を出すためには問題ないと思います。

　支店管内地域のＪＡの組合員数の年齢別数値と、組合員世帯数を管内の年齢別人口、世帯数で割れば、管内地域の組合員比率、組合員世帯率などが数字として計算できます。これは、最低限把握しておく必要がある数値です。さらに、ＪＡの組合員数を五歳刻みで作表し、その右側に、市町村の区・町内会別五歳刻みの人口を書き込んでみると、支店管内の区・町内会別、年齢階級別の組合員比率が出てきます。

　このように、行政のホームページからは、自然環境、経済基盤、教育、労働、居住、健康・医療、福祉・社会保障などの膨大なデータを取ることができます。また、五年ごとの国勢調査の数値も、大いに参考になるものがあります。そのなかには、世帯数だけを調べても、親族世帯数、単独世帯数、核家族世帯で子供が「ある」か「なし」か、子供がいる世帯で「一人親の世帯」など、きわめて詳細な家族類型別の世帯数がデータとして提供されています。それをみると、支店管内地域の世帯の特徴もみえてきます。大事なことは、こうした統計・データの数字に触れることです。数字をみると、支店の管内地域におけるＪＡのポジション（位置）を確認することができます。このように、各種の数字をみたり、接するだけで、支店としてできること、やれること、将来に向けてやらなければならないことがみつかります。これが、現場職員の動機づけになるのです。それを活かせるかどうか、ＪＡの現場主義的な事業方針への移行を考えながら、現場職員の資質を高め、地域社会と向き合い、地域社会にこだわるような事業展開への転換が期待されます。もはや、店舗で来店者を待つ事業活動ではなく、店舗周辺地域に事業利用と組織の輪を広げていく事業活動に転換する時です。それがなければ「未来」の扉は開きません。

■地域社会との向き合い方
――「点と点」から「面と線」へ

現代は「ＶＵＣＡの時代」だといわれています。「ＶＵＣＡ」とはVolatility（変動性）、Uncertainty（不確実性）、Complexity（複雑性）、Ambiguity（曖昧性）のことです。このような状況は、ますます深まっていくと考えるのが至当だと思います。私は、**ＪＡという組織はこの変化が大きく、不確実で複雑、曖昧な社会には「強さ」を発揮する可能性をもっている組織**であると思っています。

その意味では、ＪＡは未来志向の組織として、不安の時代に強い組織として組合員や地域の利用者の期待に応えていかなければなりません。ＪＡがこれからの時代に強いのは、ＪＡがもつ特性に起因しています。農業という確かな産業を軸にした事業を行っていること。組合員というメンバーをもつ組織として、組合員の営農や暮らしに密接に関わる事業を行っていること。そして、ＪＡの組織や事業運営が地域社会や行政と密接に関わりをもっており、確実性の高い判断が可能です。これからの地域の農業や安全で安心な暮らしについての生活・文化に関する活動などでは、共通した資源の活用をめぐって共同したり、協働して新たな価値を創造する場面も増えていくと予測されます。

農業・組合員・地域社会というＪＡが基盤とするものは、農業の動きも組合員の暮らしの変化も、すべて役職員の目で捉えることができる範囲に存在しており、対話したり会話することで確認できる、理解し合える条件をもっているわけです。**これからの不透明な時代にこれほど確かな条件をもった経営体はない**でしょう。その強みを活かしきれる組織や経営にしていくこと、役職員がそれを理解して思考する力と行動力が備わっていることが望まれます。

ところが、実際にＪＡの支店の経営を預かる支店長に聞くと、支店が立地する環境にもよりますが、地域社会との向き合い方、事業活動のあり方については、支店として独自の方針や目標をもっていると答えた支店長はほとんどいません。その理由として、以前はＪＡは大口組合員との関係を大切にすることで、貯金の実績ができた時代があり、組合員との付き合い方に重きをおいた時代がありました。たしかに、二割弱の組合員の貯金が、ＪＡ全体での貯金残高の八割を占めていて、組合員対ＪＡの関係を重視するのは当然であったかもしれません。いまは協力的な組合員のお宅を支店長が訪問して〝お願い推進〟をしてきた「点と点の時代」から、管内地域を面と捉え、支店との関係をつなぐ「面と線」の関係をつくっていく目標が必要な時代になってきたといえます。

したがって、支店の地域戦略では、基本的には管内の組合員との「点と線」の関係を維持・発展させながら、支店を中心に半径五〇〇ｍを中心とした地域戦略が一般的であるといえます。というのは、実際にいくつかのＪＡの支店の経営資源をみても、地域を拡大して訪問活動を展開する余力をもっている支店はほとんどありませんから、まずは、店舗周辺五〇〇ｍの居住者を中心にした活動に資源を集中するのがふさわしいといえます。

そのためには、店舗周辺五〇〇ｍ内の人口や世帯数、商店数などのデータを示し、訪問活動等のすすめ方、関係づくりの目標などの方針を決めることです。半径五〇〇ｍ以内の場合、地域により多少違いがありますが、その管内地域の人口は約一五〇〇人～二〇〇〇人、世帯数も約六〇〇～八〇〇の世帯です。徒歩で七～八分の圏内に住んでいる人びとですから、ＪＡはきわめて利便性の高い身近な金融機関です。その利便性、優位性、素朴で人に優しいサービスであることをＰＲし、ＪＡの特性を活かしたアプローチを考えて取り組みたいものです。

■社会に誇れるＪＡの組合員組織を強くしよう
――共同体型と機能体型の特性の発揮

ＪＡは、外部に対して誇れる多様な組合員組織をもっています。運営上の要となる集落組織あるいは地域組織（ＪＡによって名称は「営農組合」「生産組合」など異なる）のほか、青年部や女性部などの共同体型の組織と、生産者部会、作目別部会などの目的別で機能体型の組合員組織です。このほかにも、年金友の会などの事業利用者組織などもあります。大きく分けると、共同体型の組織と機能体型の組織に分けることができます。

この多様な組合員の活動組織を束ねているのがＪＡ組織ですが、束ねているといっても特定の部署が管理しているわけではありません。組織の活動はそれぞれの組織の主体性に任されていて、ＪＡが運営に口を挟むということがない、きわめて柔軟な関係で形成され運営されています。このような主体的で自主的で、社会性をもちながら、メンバーの資質や能力を高め合う組織を内包しているＪＡ組織は、わが国のなかでも特別な存在として評価されるべきでしょう。その点は、自信をもって自慢できる組織であり、現代社会での人間関係や人の組織が形式化しつつあるなかで、きわめて存在価値の高い組織といえます。さらに、ＪＡの組織的特徴は、多様な組合員組織が組織されているだけでなく、それらの運営は画一的ではなく、多様な手法によって運営されており、ＪＡとの関係性も多様であるところです。

先述したように、JAの組合員組織は、共同体型と機能体型の大きく二つのタイプに分けることができますが、共同体型の場合は、特定の「外的な目的」を達成するためではなく、組織のメンバー個々の目的に対する満足や充実といったことを第一の目的としている組織です。平たくいえば、収入を増やすとか、生産量を高めるといった「外的な目的」をもってはいません。女性部でいえば、活動の目的はみんなで「貯金」をいくらにしようとか、家計費を下げようといった外的目的（経済的な目的）を達成するために活動しているわけではありません。あくまで、女性部に集まる女性の一人ひとりが自己目的をもっており、暮らしの充実感であるとか、健康な食生活への満足感など、メンバーそれぞれの「内的な目的」の達成をめざして行動する組織です。青年部も同様です。

このほかの共同体型の組織の典型は、地域的組織である営農組合や生産組合といった組織であり、俳句や手芸・ゲートボールなどの趣味の会や旅行の会、ボランティア組織なども、この共同体型の組織であって、個々のメンバーがもつ目的や目標である「内なる目的」を達成するために活動しています。それが長く続いていく組織の特徴といえます。

これに対して機能体型組織は、生産者部会や特産物ごとに組織された作目別部会、アパート・倉庫などの資産管理部会、法人部会、直売所出荷組合などの組織です。これらの組織は、明確な目的「外的な目的」があります。たとえば、いちご部会ではメンバーである農家が良質ないちごの生産を行うための生産技術を高めたり、単位収量を上げたり、部会組織としての生産量や販売金額を上げ、市場評価を高めるといった「外的な目的」を達成するために活動する組織です。また、直売所出荷組合であれば、できるだけ安全で栄養価の高い野菜づくりのための生産技術の向上や肥培管理技術の習得と平準化、生産履歴の管理、生産する野菜の種類が偏らないような調整など、直売所の運営上の質的な向上と販売高や収入の増加につながる課題を達成するという明確な「外的な目的」のために活動をしています。

ところが、組合員組織によっては、活動が活発になり、メンバーが増加したり、集まる回数が増えている組織がある一方で、活動が停滞したり、集まりが悪くなったり、組織力が低下している組織も顕在化してきています。農業者の減少や農地の利用率の低下、農産物の生産量の減少など、やむを得ない理由があげられる組織もありますが、社会の変化という理由で、片付けられない背景や要因をもっています。もちろん、JAが組合員組織を統括したり管理してこなかったことが要因だとする考えもあるでしょうが、あくまでも自主的な運営を尊重するという姿勢をもって対応してきたことが、これまでの組合員組織の活動が継続できてきた要因の一つでもあり、その評価は一概にはできないように思います。

とはいえ、JAの運営基盤である地域組織に関していえば、その活動が低迷したり、活動ができなくなりつつあるというのは、JAとしても真剣に向き合い、検討しなければいけない課題であるといえます。たしかに、一九六〇年代以降、JA合併が進み、広域化によって活動地域は大きく広がっていきましたが、いわゆる地域組織、あるいは集落組織が大きくなったという例はないと思います。同じ共同体型の組織である女性部や青年部は、活動単位である地域を広げたり、メンバー数に応じて活動形態を変更したり、テーマによって新しい活動を行ったりしてきました。しかし、地域に根ざした最小単位の組合員組織の活動は、地域を広げたり、活動内容を変えたりすることなく、今日まで続いてきたのです。都市化が進むなかで、農地が少なくなり、農業者も減少し、かつての地域共同体としての活動が後退していくなかで、営農組合や生産組合が、課題を抱えながらも活動を続けてきている事実には頭が下がる思いであるとともに、担ってこられた組合員の存在は高く評価されるべきであるといえます。

さて、最近の日本は災害列島化しているのではないかと思えるほど、毎年、大きな自然災害に襲われています。二〇一一年の東日本大震災は被害規模が大きく、想像を絶する事態を目のあたりにしましたから、そう簡単に忘れることはできませんし、いまもその衝撃的な映像は脳裏に焼きついています。

この東日本大震災が起きる四か月ほど前、『災害ユートピア――なぜそのとき特別な共同体が立ち上がるのか』（レベッカ・ソルニット著、高月園子訳、亜紀書房）という本が出版されました。この本には、とても勇気と希望をもらった思いがあります。地域の共同体のもつ意味を、平時から考えなければならないことを痛感したのですが、この本は、米国において発生した巨大な地震や風水害、テロ事件など、予期せぬ大災害が発生したあとの人々の行動や社会の変化を調査し、分析したものです。著者のレベッカ・ソルニット氏は、巨大な災害や事件が発生した際に罹災した住民たちは、けっして利己的な行動ではなく、利他的で他愛的な行動をとることで、そのときには理想的な共同体（ユートピア）が生まれることを紹介しています。**大災害の直後、見ず知らずの隣人と家族のように支え合う利他主義的なコミュニティが立ちあがり、その共同体が柔軟かつ迅速に、人命を助け、必要なものを必要としている人間のもとへ調達する機能を果たす、**これこそが「人類にとっての理想の社会」ユートピアではないかと述べて、なぜ私たちはこの「理想の社会」を平時に築くことができないのか、と問うているのです。

何もない時代に、この共同体を活かすことはできないか、平時において理想とするユートピアをめざすことはできないのか、考えさせられる問題提起です。この難問を解決する糸口として、ＪＡの運営の基礎的な組織である営農組合や生産組合が存在していることに気づいたのです。こうした地域組織は、がっちりと地域共同体のＤＮＡを受け継いだ組織です。再度、その役割を見直し、ＪＡの基礎的な組織としてだけではなく、失われつつある地域の共同体としての再生を含め、広く地域住民のみなさんの理解と協力を得ながら進めていく課題であるといえます。

このＪＡの基礎的な組織の強化については、神奈川県のＪＡあつぎが取り組んでいる画期的な実践や運動があるので、第三章で紹介したいと思います。

第二章

JAのサービスの特性とマーケティング

Service Marketing

■「太く、広く、長く」はＪＡ職員の仕事の生命線
――組合員と向き合う際の基本

ＪＡの最大の強みは組合員を組織していることです。この組合員とどのような関係を築いているか、ＪＡの強みが発揮できるかどうかは、組合員との事業取引や関係にかかっています。私がコンサルティングのなかで組合員との取引きの内容や実績をわかりやすく説明するために使っているフレーズが、「太く、広く、長く」です。この「太く、広く、長く」は、ＪＡの事業活動だけでなく、経営にも大きく貢献することになる組合員との関係性（〝性〟は関係の力、度合いといった意味）のことです。

＜太く＞は、組合員のＪＡ事業の取引内容がメイン化されていて、利用度が高いことです。信用事業でいえば、「総合口座」の通帳でＪＡの利用度がわかります。ポイントは、「収入・支出・貯蓄」の三つの要素と取引きが「総合口座」にセットされているかどうかです。具体的にチェックする項目はつぎの通りです。

「収入」については、農産物の販売代金や給与、年金、不動産収入、配当収入などの振込みが行われているか。「支出」については、五大公共料金（電気、ガス、水道、下水道、ＮＨＫ）の振替えが契約され、毎月、引き落とされているかどうか。加えて、携帯電話の料金やクレジットカードの決済なども振替契約されているか。さらに、「貯蓄」については、定期積金が

セットされ、毎月の掛け金が引き落とされているか、定期貯金がセットされているか、共済掛金の振替えがセットされているかどうか。この「総合口座」にセットされている「収入・支出・貯蓄」について取引していただいているかをチェックしてください。この「総合口座」の通帳からわかる取引内容で、関係性が太いかどうかの判断がつくといっても過言ではないでしょう。

ＪＡへの信頼度が高く、事業活動や商品、職員の対応に対する満足度が高いかどうかは、この「総合口座」にセットされている項目をみるだけで判断できます。逐一、アンケートで組合員の満足度を尋ねなくても、取引内容で判断できます。また、一年間に「総合口座」の通帳を何冊繰り越すかを注意してみると、三冊以上繰り越す組合員の場合には、ＪＡの利用度が非常に高く、満足度もかなり高いという判断ができそうです。もちろん、事業別に取引データを分析すればわかることですが、窓口職員が通帳に目を落とす時間を少し余計にかけることでみえることがあるのです。

もう一つ、「総合口座」にセットされている取引きが多く、通帳の繰越しが多い組合員は、ＪＡの経済事業も販売事業も利用の多い組合員であると考えられます。それだけ信用事業の利用度の高い組合員は、ＪＡ全体の利用度が高いのです。さらに、ＪＡの各種イベントへの参加度、集落座談会への出席率なども高い傾向があります。

こうした∧太い∨付き合い方をしている組合員との関係を、しっかりと維持し、さらに太くしていく努力が必要です。窓口職員の対応やコミュニケーションにおいて、満面の笑顔で、とくに元気よく対応したい組合員です。

〈広く〉は、ＪＡの事業上の特徴である複数の事業を兼営していることに対して、どれほど複数の事業を併用しているか、という意味です。〈太く〉と重複するところもありますが、ＪＡが行っている信用、共済、購買、販売、福祉、直売所、資産管理など、それぞれの事業についてどんな事業を併用されているか。総合口座の通帳でわかるものもありますが、窓口での会話を通じて確認する方法もあります。年に一回程度、本部の各部門において、利用度の高い組合員の事業併用取引を調べてくれるといいのですが……。

〈長く〉は、ＪＡの事業上の取引きのなかで、長期的な取引きを行っている組合員、生涯取引の関係になっている組合員のことです。たとえば、年金の受取契約、終身共済などで、信用事業取引を把握できます。六〇歳以上の組合員については、取引きの内容で生涯取引度をみることができます。

このように、毎日、組合員と向き合う仕事をしている支店の窓口や渉外の職員は、組合員とＪＡの取引きやお付き合いの内容と度合いを意識して観察してみることが必要で、取引内容に気づいた点があればアプローチし、提案をすることが大切です。

■フロント・ラインの役割とコンシェルジュ
――フロント・ライナーは総合的なお世話係

サービス業で働くスタッフを大きく分けると、本店の総務や企画・開発などの仕事を担うバック・ラインで働く「バック・ライナー」と、毎日、組合員やお客さまと接する仕事をしているフロント・ラインの「フロント・ライナー」の二種類のスタッフがいます。JAでいえば、**本店がバック・ラインで、支店や事業施設がフロント・ラインということになります。そこで、バック・ラインの最大の仕事は何か。それは、フロント・ラインの職員が最高の仕事、パフォーマンスが発揮できるようにするために行う仕事です。**

JAにおけるフロント・ラインは、支店、事業店舗、事業所、営農センターなど、毎日、組合員と接して仕事をしている部門で働く職員です。そして、フロント・ラインで働くフロント・ライナーは、支店の窓口や渉外活動にあたる職員、そして、営農・生活指導員のことです。組合員課などの組織事務局の職員、あるいは支店長や事業所長といった肩書をもつ職員もフロント・ライナーです。

そこで、JAのフロント・ライナーの仕事は何が重要なのか。フロント・ライナーとして、どんな仕事を期待されるのかを考えたいと思います。

端的にいえば、前項で説明した組合員との「太く、広く、長く」の関係をしっかりとつくっていくことであるといえます。ＪＡの金融・共済事業では、サービス内容がつねに変わったり、新商品がつぎつぎと登場したりするわけではありません。組合員の多くは、決まった取引きや手続きを行うために訪れます。その際に、組合員が視線を向けるのは、受付窓口となる職員ですし、その職員がどんな態度や姿勢で働いているか、いかに自分に関心を示してくれるか、どのような会話で楽しませてくれるか、どんな有益な情報をもたらしてくれるか、と秘かに期待していると考えてほしいのです。

フロント・ライナーの職員のみなさんの姿勢や態度、会話や提供される情報などが、サービスの評価対象の多くを占めるのです。しかも、ＪＡのサービス事業のほとんどが職員を介して提供されるという特性がありますから、なおさらその重要性は高いのです。そのことをしっかりと頭にインプットして、自らの行動をチェックしてもらいたいと思いますし、職場内でのミーティングにおいても、お互いの良いところを褒め合い、認め合うことで、全体のレベルやモチベーションを高める努力を期待したいと思います。

そして、フロント・ライナーのみなさんには、もうワンランク上のフロント・ライナーをめざしてほしいと願っています。それは、支店のコンシェルジュ（concierge）をめざして、その役割を発揮してほしいということです。フランス語である「コンシェルジュ」は、本来「集合住宅の管理人」という意味のようですが、最近は、ホテルの宿泊客のあらゆる案内や要望、チケットの準備から旅行プランの手配まで、あらゆる客の要求に応える「総合案内人」として働くスタッフを指します。最近ではホテルのほかにも、病院や駅、レストラン、百貨店、役所などで、コンシェルジュの肩書きや案内デスクをみる機会が増えたと思います。**コンシェルジュは、企業や組織の総合的な案内人ですが、ＪＡにおいては案内人だけではなく、お世話係としての役割を果たすことが期待されます。**

というのは、ホテルや病院、駅では、その場で案内する仕事をすれば役割を果たすことになると思いますが、ＪＡの場合は、その場の案内だけでは十分ではありません。組合員の立場に立って、ＪＡの多様な事業や商品についての説明やその場で提案できることを調べたり、整理して話したりすることが求められます。他部門の職員にも協力してもらいながら、目の前の組合員の相談、質問に回答できるような知識と提案を意識し、高いコミュニケーション・スキルをもっていることです。

これからのＪＡの支店店舗や事業施設を考えるとき、来店者が少なくなる時代は間違いなく訪れます。キャッシュレスの社会は農村地域にも拡大しますし、携帯電話やネットバンキングなどでの情報収集、代金決済、資金の移動などの機会が増えますから、現金を使う機会は減少し、頻繁に金融店舗に行く利用者は少なくなります。ネットバンキングなどの利用が拡大したこと、〝非対面チャネル〟のサービスが劇的に拡大したことが大きな理由といわれていますが、大都市のメガバンクの店舗での来店客数は、五年ほど前に比べて四〇％も減少した銀行もあり、あるメガバンクでは国内の二割強の店舗を機械化店舗、無人店舗に転換していくとしています。

これからＪＡの支店店舗も、大改革は避けられないと考えています。少ない来店客数に対する窓口機能の縮小、金融・共済窓口の一元化、窓口の相談機能の充実といった対策は待ったなしでの対応が必要になるでしょう。そのための準備を始めなければなりませんが、窓口機能のコンシェルジュという「総合相談・お世話係」の役割は確実に必要になります。実施に向けた体制と職員の養成、それと窓口・渉外職員応援システムなどの構築といった対策は避けられないでしょう。

自分は金融窓口担当だとか、共済窓口担当だなどといっている時代ではなくなり、経済事業や営農指導についても対応できる「マルチＪＡ職員」をめざすべきで、組合員対応もスピード感が期待されます。

■職員のための〝考えるコミュニケーション術〟
――傾聴する技術で組合員四〇〇人の名前を記憶

前項では、ＪＡの支店や事業施設などの店舗で働き、毎日、組合員や利用者と相対してコミュニケーションしている職員を「フロント・ライナー」と呼び、本店や本部で、毎日、組合員と顔を合わせることなく働いている職員を「バック・ライナー」と呼んでいることを紹介しました。フロント・ライナーは毎日、組合員や利用者から同じような質問をされ、うんざりしながらも、決められた内容を笑顔で明るく説明します。ＪＡのフロント・ライナーは店舗の顔であり、〝コンシェルジュ〟として「総合相談・お世話係」の役割を果たさなければなりませんから、その心構えでいまからスキルを高めたいものです。

窓口の職員の仕事は、組合員とのコミュニケーションを通じて、信頼関係を築くために努力することであり、〝考える窓口職員〟をめざすことが必要です。決まり切った窓口業務の会話から、組合員との考えるコミュニケーションを通じて、これまで以上に親しみや親近感のある会話術を駆使し、銀行や他の金融機関にはない、組合員対応の実践により組合員との関係距離を近づける努力を重ねることです。

そこで、〝考えるコミュニケーション〟とか〝考える窓口職員〟をめざすには何が重要なのか。それは組合員の話をしっかり傾聴することです。相手と向き合って聴く前体重の姿勢、背筋を伸ばし話を受け止める態度、呼吸をゆったりにして、少しゆっくりめの話し方。真剣さを相手に伝えるこの姿勢が第一条件です。傾聴する場合の「きく」には、「耳で聞く」「口で訊く」「心で聴く」の三種類があり、個別の相談の場合は、耳で聞く、口で訊くよりも、心で聴く姿勢が大切です。相手から聴くことは、相手のために聴くわけで、話の内容に興味を示しながらも、先入観をもたずに、相手を理解しようと心がけて話を聴くことになります。

そこで、「傾聴する」際のポイントとして、つぎの七項目に配慮します。

①周囲に配慮した〝個室〟を使用すること

②相手と真剣に向き合い、アイコンタクトをする
③相手の話をさえぎらないように聴くこと
④深い呼吸を心がけて、ゆっくり頷きながら聴くこと
⑤話す内容に対してコメントを加えないこと
⑥間違っても否定・批判はしない。良否の判断もしないこと
⑦メモは取らないこと

どのような場面でも、こうした職員の傾聴姿勢・態度は、相手からの信頼感を非常に高めることになります。また、個人的な信頼感だけでなく、ＪＡへの親近感や安心感の醸成にもつながります。

つぎは、〝考えるコミュニケーションの実践法〟です。私たちが行う職場リーダー研修などでのウォームアップの方法のなかから紹介します。最初に「みなさんの支店で一番来店していただいている組合員の名前と、その方のことを詳しく教えてください」とお願いし、発表してもらいます。発表内容は、職員にもよりますが、かなり情報内容に格差があり、組合員への興味をもつことの重要性を感じてもらいます。また、「昨日、朝一番で来られた組合員の名前と、その方が朝一番で来た理由は何か、教えてください」とお願いします。これも来店者への注意の向け方です。朝一番で来られる人は、何らかの理由があります。そのような会話をしていれば、印象も強く、記憶も鮮明です。来店する組合員にしっかり向き合うという組合員やお客さ

まへのこだわりをもってもらうためです。最後は、「みなさんの支店に来られる組合員で、顔と名前（苗字）を覚えている人数を思いつくままに数えてみてください」とお願いします。

顔と名前が一致して、記憶している組合員数を尋ねる質問ですが、六〇人から七〇人前後と答える女性職員が多いです。以前は、一〇〇人を超える人数をあげてくれた職員が多かったように思います。私は「馴染みの来店者には名前を呼んであげられるように覚えましょう」と職員にお願いします。これは、先輩のコンサルタントの受け売りですが、組合員やお客さまの顔と名前を記憶できる人数は、平均的な職員で約四〇〇人だというのです。**四〇〇人の組合員やお客さまの名前と顔を覚えましょうということで、記憶の方法、向き合い方、顧客メモ帳づくり**など、意見を出し合います。このことで、職場に戻って確実に職員の行動が変わります。お客さまの顔と名前の記憶に集中することで、特徴や基本的な情報にも関心をもつようになります。

窓口業務に専念しているときは、組合員を一利用者としてみて、みんな同じお客さまと考えて対応してきました。それがマニュアルです。しかし、顔と名前を覚えようとすることで、一人ひとりの顔を見て話すようになり、違いを感じるようになります。

つぎに、組合員の名前と顔を記憶することで、〝考える窓口コミュニケーション〟の技術的なことに触れておきたいと思います。ＪＡのほとんどの支店では、来店した組合員に「いらっしゃいませ」と声かけをしています。この「いらっしゃいませ」は決まり文句のあいさつ用語で、自動ドアが開くたびに、何も考えずに「いらっしゃいませ」と機械的にお迎えします。ＪＡの窓口でのコミュニケーションとしては好ましくない窓口対応であるといえます。

端的にいえば、**考えない接客、マニュアルの型通りのあいさつです。これではＪＡらしさもありませんし、銀行と何ら変わりません。人の組織であるＪＡらしさがない**のです。

ご存じとは思いますが、「コミュニケーションはキャッチボール」です。コミュニケーションで、組合員との〝ボール〟のやり取りが必要だということです。「いらっしゃいませ」がコミュニケーションにそぐわない言葉であるというのは、返事をもらうことが難しいからです（そのままの返球なら組合員は「いらっしゃいました」と言うでしょう）。でも、「おはようございます」とか「こんにちは」であれば、すぐに元気な返事がもらえます。また、「今日のお洋服は素敵ですね」とか「今日はどちらかにお出かけですか？」などと、相手と向き合って気づいたことを話すだけで、必ず笑顔の返球があります。笑顔で返球されることを考えて話しかけるのが、〝考えるコミュニケーション〟です。成り行きで会話するのはプロの接客とはいえず、コミュニケーションとはいえません。相手から得られた情報を瞬時に考え、言葉にし、〝ボール〟を投げるのです。その際、返球のしやすさを考えて投げるのです。これがプロフェッショナルな窓口コミュニケーションです。したがって、「いらっしゃいませ」の代わりにどんな声かけがいいか、職場内で意見を出し合い、工夫して、瞬時の対応の引き出しをたくさんもつことです。組合員と向き合ったときに、どんな会話が相手を喜ばせるかを瞬時に考えて、笑顔で話しかけること。考えるコミュニケーションの実践は、職場の雰囲気の改善にも貢献します。

ただし、コミュニケーションでキャッチボールする〝ボール〟は、言葉だけではないことも理解しておきたいことです。というのは、非言語的要素としての態度や表情などのほか、声のトーンや大きさなども、言葉よりも強いコミュニケーション上の〝ボール〟だからです。

■組合員のニーズを知りウォンツを提案する
――将来の夢やめざす姿を聞かずに事業はできない

組合員のニーズの把握とウォンツを知ることは、どう違うのか。JA職員のマーケティング研修では、いつも出てくる質問です。マーケティングに接していない人にとっては、ニーズとウォンツの違いは何かを知るところから始まります。

では、ニーズ（needs）とウォンツ（wants）の意味の違いから説明しましょう。簡潔な説明として「ニーズは生活のなかで不足したものを求める漠然とした衝動・隠れた（潜在的な）欲求」であり、「ウォンツは具体的（顕在的）なモノでニーズを満たすモノ」と考えられます。

もう少しわかりやすくいえば、ニーズは「将来、どのような農業経営を考えているか」であり、ウォンツは「今年、このタイプのトラクターを購入したい」ということです。

ニーズは漠然とした欲求で「こんなとき、ノドを潤す冷たい水があったらいいいな」と考えるのに対して、ウォンツは「氷がたっぷりのハイボールがほしい」となります。また、**ニーズは「夢、こだわり、熱い思い」で、ウォンツは「これがほしい」という具体的なモノのこと**、という研究者もいます。ここまでくるとわかりやすいと思います。

そこで、顧客と店員の会話を通じて、ニーズとウォンツを考えてみましょう。

店員「こんなベッドで眠れたら、最高だと思いますよ」
顧客「そうだね。このベッドはよさそうだ。ほしいなぁ」
店員「このベッドは、角度が変えられるし、使い勝手がよく、便利です」
顧客「なるほど。このベッドだと母の介護が楽になるなぁ」
店員「え〜っ？　介護用のベッドとして使うのですか？」
顧客「母はなかなか外出ができなくて、ベッドでの生活が多いけど、このベッドなら、リビングに置いて、家族みんなで看ることができるな」
店員「なるほど。お優しいご家族ですね」

店員と顧客との会話を通じて、顧客のニーズがみえてきました。本質的なニーズは、寝たきりの母に優しく、家族で見守りたいということであり、そのニーズに合致したベッドがあったから、このベットがほしいというウォンツがはっきりしたのです。

店員が、お客さまのニーズを聞き出そうとせずに、ひたすらベッドを売りたいと考えていれば、このような会話はできなかったでしょうし、売りさえすればいいというセールスになり、お客さまや家族の思いに気づくこともなかったでしょう。いわゆる**お客さまのニーズをちゃんと把握することができなかった店員は、大事な生涯のお付き合いができたはずの顧客を失うことになる**のです。信頼され、長くお付き合いするポイントは、お客さまのニーズを把握するか、把握しようと努力することなのです。そのうえで、お薦めできるモノを提案する、情報をお持ちすることで、長いお付き合いが可能になるのです。ニーズの把握への努力は、生涯のパートナーとしての最低条件なのです。

ニーズは人によって異なります。その人のもっている価値観、人生観といえるものなので、それを理解しようとする努力が必要なのです。ニーズを把握することは、その人に合った価値ある情報を用意し、ほしいと思われる商品を提案することができます。

ある関東地方のＪＡでのコンサルティングで、渉外担当職員の訪問件数や組合員とのコミュニケーションの内容などを調査したことがあります。その際、都市近郊地域にある支店の渉外担当者の訪問件数は平均で一九軒でしたが、農村地域の支店の場合は一二軒で、かなりの違いがありました。訪問での様子を訊いたところ、訪問の際に、招かれてお茶をいただいて話をするケースが多いのは後者で、前者の場合は九割近くが玄関で用件を済ませていました。

玄関で用件を済ませてしまう場合の会話は少なく、組合員とゆっくり話をして、ニーズを聞き出すこともできないでしょう。それに引き換え、お茶をいただいた職員は、約二十分程度滞在し、会話をしています。

私は、渉外職員に対して、すべての組合員訪問でお茶をご馳走になるべきだとはいいません。玄関の対応でも観察してくることはできます。でも、応接室やリビングに案内されて、会話をしている間、部屋に置かれているものを眺めてみると、組合員のニーズを垣間みることができそうです。テーブルに置かれている新聞、雑誌、好きな飲み物、ご家族の写真や記念写真、本棚の本、趣味の道具などなど、目にするものが語ってくれるのです。

時々、こうした訪問での時間を大事にすることも必要です。訪問しての会話で、大きな融資につながったとか、話が面白くなって大きな契約ができたとか、楽しい話は、筆者がコンサルティングをした関西の信用金庫の支店長たちからたくさん聞かされました。そして、**ニーズを把握することとは、相手を受け入れ、共感することでもある、価値観や人生観で共感できたら信頼関係は築ける**、という話を思い出します。

ちなみに、**「商品を売る」のではなく、「顧客の課題を知り、その解決策を提供する」のがビジネスである**、という先輩コンサルタントもいます。

「農家がもっている〝こんな農業経営にしていきたい〟という話（ニーズ）を聞こうともせず、トラクターのパンフレットを持参して売り込む農機会社のセールスマンからはトラクターは買わないが、ただパンフレットだけ持ってきて話もせずにポストに放り込んでいくＪＡの職員からは、もっと買わない」、こんなお話をしてくれた農家の人がいました。

■生涯のパートナーと九〇㎝の「信頼関係」
――お互いが必要とする関係づくり

「私にとってJAと職員は、本当に頼れる〝生涯のパートナー〟です」

組合員からこのような言葉をかけてもらえる職員は、最高のJA職員といえますが、この考え方はいまではめずらしくなく、当たり前のように論じられます。しかし、この〝生涯のパートナー〟という言葉が生まれたのは一九九〇年代後半のことです。ただし、筆者はこの言葉をコンサルティングのなかで使う自信はなく、当時は提案書でも使わず、マーケティング研修のテキストで使い始めました。なぜ、この〝生涯のパートナー〟にこだわりをもったか。そのきっかけは一九九六年に、米国で開催された一か月あまりのビジネス・コンサルティングの研修で、ハーバード大学のセオドア・レビット教授の著作に出会ってからです。それまでのマーケティング論とは異なる〝レビット・マーケティング論〟は、まるで協同組合組織と組合員との関係のあり方を論じているのではないかと錯覚するほど刺激的で新鮮さがあり、感動しました。

マーケティング論の大家はフィリップ・コトラーですが、マーケティング界の巨人と呼ばれたのがこのレビット教授でした。彼は、一九七〇年代に、顧客の立場でのマーケティングを論じ、もっとも注目を集めたのは製造業のサービス化の予言でした。有名なコンピューターメーカー（ＩＢＭ）が、製品を売らずに、企業組織のコンサルティングをして経営革新の提案を行い、その結果として、製品を売るというものです。これをヒントに筆者が考えたのが、**農家に農業機械を売る前に、農業機械を有効に活用できる農業経営づくりの指導が大切だ**という論理です。あまりＪＡからは受けませんでしたが……。

そして、もっとも影響を受けた考えは、レビット教授が一九八〇年代に入って論じたこと、契約や発注書は顧客との長い関係の最初の一歩であって、大切なことはその後の顧客とのリレーション（関係）であるとして、**「企業や組織の最も重要な資産は顧客リレーション（関係）」であるとしたことです**。そのことが、**顧客情報管理の重要性、C・R・M（Customer Relationship Management＝顧客関係性管理）という顧客との関係性をデータベース化する**という考え方で画期的でした。現代のＡｍａｚｏｎや楽天などのネットビジネスは、データベースマーケティングの飛躍的発展の礎をつくったといってもよいでしょう。この考え方は、ＪＡのようなメンバーシップの組織の事業のあり方に大いに参考になりました。そして、のちに「顧客は商品を買うのではない。その商品が提供するベネフィット（製品やサービス利用で消費者が得る有形、無形の価値）を購入している」と主張し、それまでの企業サイドのマーケティング論から「顧客志向」のマーケティングを提起しました。

さらに、二〇〇一年の論文で「**マーケティングとは、顧客を獲得し、維持するためのすべての活動であって、セールス（販売）とは異なる。セールスは企業サイドのニーズによるもので、マーケティングは顧客のニーズによるものである**」といい、**いま重要なのは、「顧客とのリレーション（関係）を考え直すことであり、『インターフェイス（接触）』から『インターディペンデンス（相互依存）』への再構築である**」として、「リレーションシップ・マネジメントの制度化、ルーティン化が大切」との提起に共感しました。そして〝レビット・マーケティング論〟を、ＪＡや信用金庫などのコンサルティングで積極的に使いました。ある信用金庫の顧客別採算管理のシステムや狭域高密度経営とマーケティングなどの考え方は、現在も活かされており、またコンサルティングでも援用しています。

〝生涯のパートナー〟という言葉を生んだマーケティング論者について長々と書きましたが、この関係性を互いの距離に置き換えると九〇㎝で、**人間関係距離論でいう「信頼の距離」であり、めざすべき〝生涯のパートナー〟の関係距離も九〇㎝を心がけて、向き合おう**、とコンサルティング・研修で強調しています。

■自慢できるＪＡのサービスとその特徴
――高いサービスのクオリティを現場でチェック

ＪＡは複数の事業を兼営している事業特性をもっています。一般にＪＡ界では「総合事業」と呼びますが、「総合商社」とか「総合病院」といった〝総合〟の付く企業や組織から比べると、長く〝総合〟を使っている割に、その強みや良さが十分に発揮されているとはいえないように思います。国際社会を相手にして、情報ネットワークをめぐらして、金融・流通を中心に機能を発揮し、それを連携させる「総合商社」の〝総合〟とは、その事業規模も商品もサービスも桁違いで想像もできませんが、せめてＪＡの「総合事業」も、その強みが目に見える形で発揮できるような体制を期待したいと思います。

ＪＡの役職員間で通用する「総合事業」の特性を活かすためには、半世紀以上も続く連合組織の再編や整備が必要です。なぜ、現在、それが必要かといえば、**ＪＡが組合員と接点をもつ支店や事業施設などの現場で、それぞれの事業間で連携したり、統合・編集したサービスの提供が求められているから**です。

ＪＡグループの機能の総合的なサービスの発揮は、金融・共済・経済といった事業の単機能の発揮だけでは組合員からＪＡの特性がみえにくいですし、役職員自身もそれを実際に認識しにくいからです。金融・共済・経済の各事業を指導が統括してサービスを提供する、という考え方も机上では可能ですが、現実の事業を行う現場では実践できないのです。具体的な商品や仕組みとして開発し、創造していくアイデアとパワーが必要で、組合員の営農や暮らしの目線で、事業開発や商品開発、システム開発を行う総合的な機能を発揮する組織の必要性を感じます。二〇年ほど前、未合併の組合の存在が、県域の事業レベルを下げ、進化の足を引っ張っているという声を聞きましたが、連合組織がＪＡの〝総合〟事業の特性や強みの発揮にしっかりと貢献できる連合組織へと進化し、早期の事業連携型のＪＡサポートの実現を期待したいと思います。

しかしながら、事業の縦割りや総合的なサービスの難しさを感じながらも、ＪＡがもつ複数の事業を統合的に管理し、組合員との事業取引関係を管理して、ＪＡの〝総合〟事業としての特性や強みを活かす工夫は、組合員との接点、いわゆるフロント・ラインで発揮できるものでなければなりません。そのために、ＪＡのサービスの多様性やその特徴を役職員に理解してもらうことが必要になります。複数の事業を行っているＪＡらしいサービスを工夫していくために、**図2–1**のＪＡのサービスの種類と特徴を参照してください。

組合員の立場で、ＪＡのサービスの種類と内容を整理してみると、きわめて多様なサービスを行っていることがわかります。組合員・利用者に提供されるサービスの内容は、モノや金銭で捉えられるものと、それ以外のものに分けて考えることができます。大きく分類すれば、六種類のサービスです。

図２－１　JAの特徴的なサービスの種類

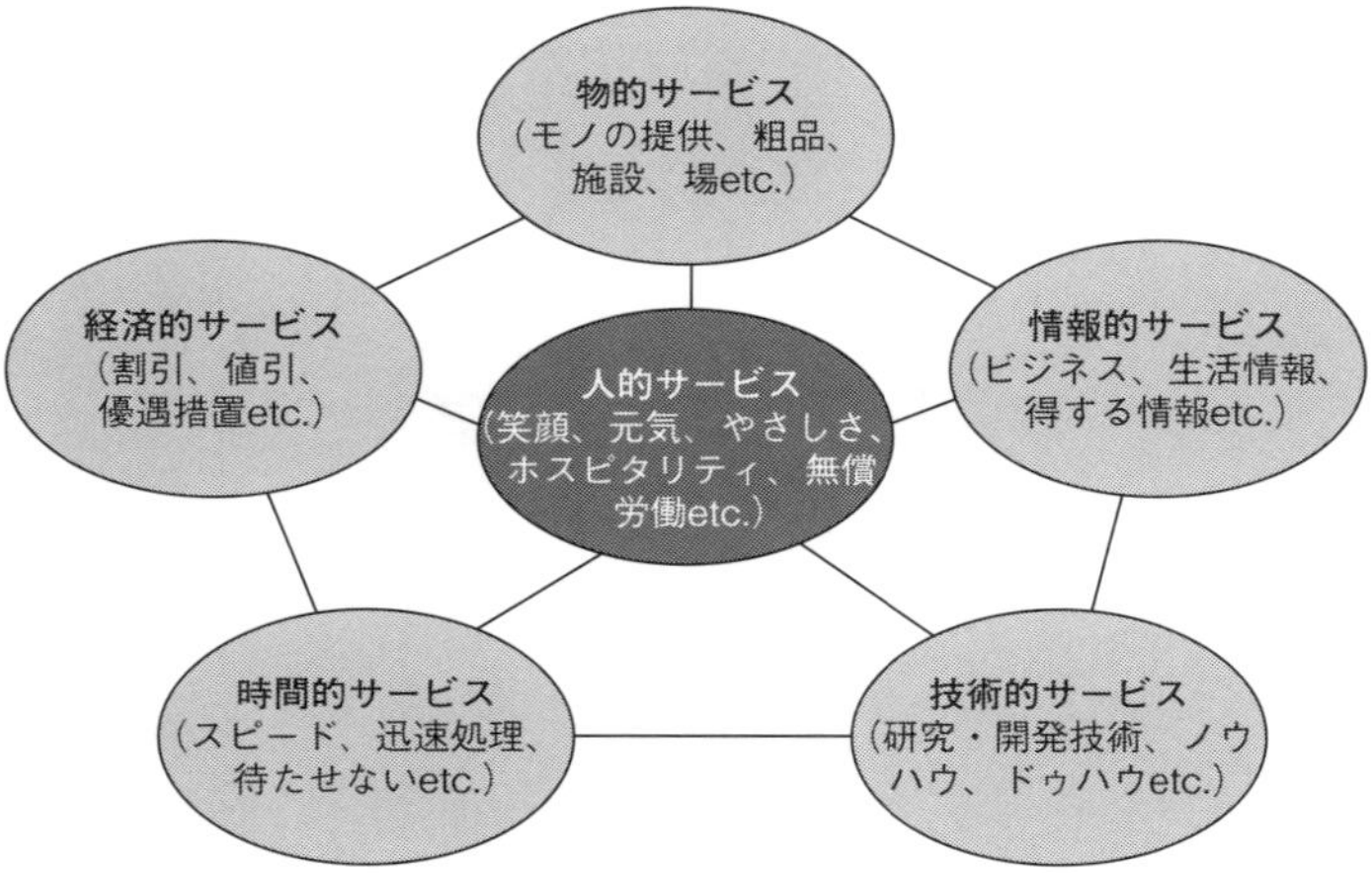

＊筆者作成

図に示した分類は、中央に「人的サービス」があります。人的とは職員のことで、提供するサービスには、組合員と接する際の職員の笑顔や元気、やさしさ、安心感といったものから、その場で教示される知識や知恵、さらに、無償の労働も含まれます。私がコンサルティングをしたＪＡおきなわには、台風シーズンになると、支店窓口の女性職員も一緒になって、農家の台風への備えの作業に加わったり、台風が去った後の農業施設の片付けなどに出かけます。このようなＪＡの職員が農家へ出かけてお手伝いすることは、農家からすれば、何物にも代えられない価値あるサービスです。これは、ＪＡが人の組織であるからこそ、人のサービスの価値が理解され、評価されるのです。

二つめは「物的サービス」です。これは、

粗品や記念品などのモノに関するもので、事業取引に際して渡されたり、提供されるものです。この物的サービスには、ＪＡが提供する「場」も含まれます。ＪＡの多くの支店には、二階や建物の続きに研修室や集会室、イベント室などがあります。二〇一八年一月に新しくオープンしたＪＡ邑楽館林の明和支所には、金融店舗とL字型につながったイベント室（約一二〇坪）があり、ＪＡが主催する農産物の展示・即売や地元の高齢者や幼児・園児などの発表会など、地元地域のみなさんの集まる「場」として役割を発揮しています。

三つめは「経済的サービス」で、価格や金利など目に見える金銭などの形のあるサービスです。これは、ＪＡが行っている事業の取引きや利用に関して提供される金銭的なサービスのことです。直接的な経済的サービスは、農業資材の年間予約の際の割引価格制度であったり、貯金金利の上乗せサービス、貸付金の金利の減免サービスなどです。給与振込みや公共料金の振替え、定期積金などの利用があれば、優遇されて金利が引き下げられたり、農機具の購入で農業資金の借入れに際して、ＪＡの経済事業全般の利用状況に応じて優遇金利を設定する、といったサービスもあります。こうした事業の枠組みを超えて、サービスを提供するという創造的なサービスは、ＪＡの職員が知恵やアイデアを大いに活かしてほしいサービスといえます。

四つめは「情報的サービス」です。組合員の立場からいえば、多忙な農家自身に代わって、ＪＡが収集し、整理して提供してもらう情報は、たいへんに価値のあるサービスです。営農活動や農業生産技術に関連する情報、農業機械や各種生産資材に関する情報、最近ではスマート農業で扱われるロボット技術やICT（情報通信技術）を使った機械や技術など、農家の関心が高い情報をJAが収集・管理・提供してくれる情報は価値あるものです。同じように、生活や暮らしに関わる情報も大事ですし、近年は、悪質な商法や詐欺など、暮らしのリスクに関する情報提供も価値あるサービスといえます。

五つめは「技術的サービス」です。これは、JAのお家芸でもあるといえます。営農・生産技術、経営管理技術、暮らしの衣食住に関する技術などの紹介や提供は、農家の営農や暮らしの技術やノウハウを手に入れたり、それを磨くという意味で大きな意味があります。また、組合員が集まり、工夫して地域独自の技術やモノの開発につなげるなど、新たな技術開発が生み出す、可能性の大きなサービスです。とくに最近は、新しい特許となるような高い価値をもつ技術を発見する農家もいます。技術的なサービスを通じて創造的で価値ある技術や生産物が生まれるとしたら、その価値は想像を超えることになると思います。

六つめは「時間的サービス」です。これは、端的にいえば、窓口での待ち時間の短縮です。時間を有効に活用するためのサポート、情報・商品などを受け取る際の照会、契約、発注、配送、決済などの業務時間を限りなく短縮したり、素早く行動する簡素化なども、この時間的サービスになります。たとえば、以前、コンサルティングをした信用金庫では、融資の借入れ申込みを受けて、その可否を七二時間以内に連絡するサービスを始めました。早く返事がほしいという会員の要求に応えたものですが、その時間がいかに利用者の立場に立って考えられているか。価値あるサービスの典型だと思いますが、このサービスを行うために、この信用金庫の理事会は開催回数が劇的に増加したことを覚えています。

これまでのＪＡでの仕事の経験からいえば、事業部門と密接に結びついたサービスは「モノ」であり、金銭的な「カネ」のサービスに偏りがちです。一方で、**組合員の営農技術や暮らしに刺激を与えたり、品質を改善するような形にしてみることができない「コト」、情報的サービスは、営農指導や生活指導といったＪＡの伝統的な事業で、職員の高い学習意欲や研究活動を通じて培った感性から生まれたもの**であると理解されます。是非とも、今後につなげていってほしいサービスであるといえます。

いずれにしても、ＪＡのサービスは、組合員の目線で考えたもので質・クオリティを高めていくことが大切です。とくに、ＪＡの各種サービスは、役職員の創造的な活動を通じて生み出すものと、体を使って組合員と接し提供する働き、事業取引上の経済的金銭的なものとタイプ分けできそうですが、他の競争企業と差別化でき、マネのできないサービスは、職員の行動に起因するものであること、そして、何よりも**ＪＡのサービスの特徴は、組合員の多様性に合わせて、六つのサービスを組み合わせて提供できること、ほとんどのサービスは職員がフェイス・トゥ・フェイスで提供する機会が多いこと**も、特徴であるといえます。このフェイス・トゥ・フェイスのサービスは、人の組織だから評価され、組合員の評価の度合いがわかるという特質をもっているのです。その内容や特質は、他にマネのできないオリジナリティがありますし、この六種類のサービスについては、それぞれの職場でチェックしたり、評価を行って、クオリティを高める努力を続けてほしいと思います。

■組合員の〝総合取引度〟から前向きな関係性づくりを
――C・B・Mによる事業展開

JAが行う事業はすべてサービス事業ですが、複数の事業を行っていることから、**組合員のニーズをもとに事業の「連携」を重視した経営**が求められます。私は、それをわかりやすく、**C・B・M（Combination Business Management＝連携型事業管理）**と呼んでいます。JAは組合員というメンバーを基点にして、行っている事業ごとの組合員利用量・利用度、組織運営や経営に対する参画度など、組合員との多様な関係によってJAが成り立っていることがみえ、それを活かすための仕組みであるところが大きな特徴です。ただし、このC・B・Mを実践するためには、組合員との事業取引についての情報を一元的に管理するシステムが必要です。

このC・B・Mの考え方の基本には、JAと組合員との事業取引を基本とするリレーションシップ・マーケティング（Relationship Marketing）の考え方があります。**リレーションシップは、一般に「既存の顧客との太い関係」のことであり、マーケティングは、その関係を長期的、持続的に拡大していくための考え方、その活動のこと**をいいます。詳しくは次項で説明します

が、ＪＡ組織の特徴の一つが、組合員は単に事業利用だけではなく、ＪＡのさまざまな活動や各種組合員組織への運営参加やイベントの企画・参加など、多様な関係をもつ組合員が多いということです。

　したがって、私はその〝関係性〟を総合的に把握し、管理する仕組みが必要ではないかと考えています。ＪＡとの関係を強化する、あるいは拡大をめざすためにも、データ化した仕組みの活用は、職員の業務の標準化と個々の関係への重点化を図ることにつながります。といって、ほとんどのＪＡでは、この仕組みは構築されているわけではありませんし、一部、関係性の強い組合員や農業経営について限定的に活用されている段階です。しかし、社会のあらゆる取引きがデジタル化しているなかで、組合員というもっとも有力な利用者との〝関係性〟が把握できないようでは、組合員を失う危険性を心配しなければなりません。事業別の壁を取り除き、組合員のすべての事業取引やＪＡの組織・文化活動、運営参加などが把握できるようなシステムづくりが急がれます。またその実現は、それほど先ではないと思いますが、関係者の奮起を期待したいと思います。

　すでに、ある地域生活協同組合では、組合員統合データベースを構築して、組合員の生協店舗や共同購入、共済事業などにおいて、商品やサービスの利用状況が一元的に把握できるようなシステムができています。それに加えて、組合員の意見や声も収集し、生協独自の運営方式である組合員の運営参加や活動参加のデータも登録したり、一元的な組合員に関する統合データベースとなっています。これによって、生協の共同購入（いわゆる無店舗購買）の利用が多い組合員と、生協店舗の利用が多い組合員がわかりますから、たとえば、両方の利用が多い「併用組合員」には、合計利用額に対して「利用割戻し」によって還元率を上げる仕組みになっています。

無店舗・店舗を併せて利用される「併用組合員」に加え、いずれかの事業を年間一定額以上利用をする「コア組合員」に対しては、店舗利用の際の割引クーポンを発行し、来店を促す対策などを講じています。

こうした利用実績に応じた細やかな対策を効果的に実施することによって、店舗の供給実績や、「併用組合員数」が伸張し、無店舗事業でも利用人数が増加したといいます。

総合ポイント制度を実施しているＪＡでも、同様な活用ができる可能性はあると思いますが、ポイントだけでは判断できない要素が多いこと、ポイント還元が目的で、ＪＡにとっては〝関係性〟管理に役立つ仕組みにはなっていないようです。したがって、制度が宝の持ち腐れになっていないか、制度の趣旨と目的、実態を検証し、制度内容の見直しも必要ではないかと考えられます。

とはいえ、〝関係性〟管理のシステムが構築されていないなかで、限定的ながら利用度の高い組合員に対して取り組む方法について紹介します。実際のコンサルティングでは、限られた事業の取引データを使って行いますが、個人情報だけに扱いには注意が必要です。ここでは詳細な説明は控えますが、たとえば、年間一〇〇〇万円以上の農産物の販売高がある農業経営に絞って、データを収集し、集約してみます。まずは、JAの販売金額の実績については、作目別の販売実績金額、数量、単価、秀品率などです。また、経済事業の利用実績でも、肥料・農薬・営農資材の品目別の利用金額と数量などのデータを集約します。そして、販売事業・経済事業の実績内容について、五年前にさかのぼってデータを入れてみると、経営上の変化とJAの事業との関係がわかります。さらに、JAの作目別部会組織との関係やJAの運営への関わりなど、長年の関係なども含めてデータを捉えてみると、その経営者の農業への姿勢、農業生産への努力や工夫がみて取れますし、それに関わった営農指導員や販売担当職員の果たした役割もみえてきます。実は、そこで得られた技術的経営的な情報が貴重なもので、地域の農業振興策にも活用できます。また、経営力を高めたいと努力している農家への指導にも活用できるものです。〝関係性〟を丹念にみていくことが、事業利用の継続、拡大への考え方です。これが機能すれば、JAからの対応の全体的なクオリティレベルを高め、職員の資質向上にも役立つのです。こだわりの農業経営をみつけ出してほしいと思います。

おまけのような話で恐縮ですが、長年JAの仕事をしてきて、私なりに組合員の見方があります（ただし、私の個人的な見解ですが……）。生産した農産物はほぼ全量JAに出荷する農業経営者の場合、経済事業の利用度も高く、生産資材のほとんどをJAから購入します。販売事業も経済事業もJAの利用度の高い農業経営者は、JAの貯金残高も多く、共済契約も正組合員の平均を大きく上回る利用をしています。また、生産部会組織の役員などを引き受け、利他的な面をもっています。ＪＡや職員に対しては、厳しい意見を率直に言ってくれますが、前向きで明るい性格で、人柄は温厚、それでいて生産する農産物には厳しく、こだわりがあって、秀品率も高い、というイメージをもっています。

一方、ＪＡや職員に対しては、いつも小言や不満、問題をあげて追及するタイプの農業経営者の場合、ＪＡの事業利用は意外に少なく、他のＪＡ事業の利用も少ない。いつも不満を口にし、何事も他人のせいにし、利己的な面が強く、ネガティブで性格は暗いし、秀品率も低いというイメージがあります。

いかがでしょうか。これは、あくまで個人的な見解ですが、この話に「当たらずとも遠からず」のコメントもいただいています。

そこで私の提案は、前者のようなＪＡ利用度の高い農業経営者は、ＪＡにとって貴重な存在ですから、ＪＡの事業利用者のリーダー的な存在として、ＪＡの商品やサービスへの評価、提案、改善法、推薦をお願いすることです。肥料・農薬・営農資材などの商品に対して、ＪＡ職員がもっていない評価コメントをもらうことができると思いますし、こうした口コミはＪＡが積極的に組合員に発信してほしいと願っています。また、ＪＡの職員に対しても、前向きな評価と期待を込めたコメントを求めたいです。ＪＡ職員への応援エールにもなりますし、要望や期待は学習や研究への刺激にもなるはずです。

ＪＡと組合員との〝関係性〟にこだわり、職員にその実態、そして詳細なデータをみてほしいのは、いかに大きな取引を意味するか、を知ってもらいたいのです。そして、職員間で話し合ってもらうと、組合員に対する積極的なアプローチのヒントが見つかります。同時に、仕事に対するバリエーションやアイデアを生み出すことにもなります。利用度の高い組合員のデータは、ＪＡの事業や商品・サービスに対する見方が変わり、誇りも元気も生まれます。そして、組合員との関係づくりに向けて、すぐにできること、やれることも発見できるのです。

■ＪＡの理解者が応援者となる組合員への期待
――〝生涯のパートナー〟の推奨活動へ

これからのＪＡの事業で大事なことは、組合員やその家族と長期的安定的な事業取引の関係をつくること、そして、複数の事業の取引度合いを高めること、それを担保・保証する安心・信頼の人間的な関係を築いていくことの三つです。長いお付き合い（生涯取引）の関係は、取引きだけではなく、職員の対応力、コミュニケーション力によって形成されることをとくに意識したいです。

ＪＡ事業の理解者をつくることが一つの目的であり、それは、一言でいえば、ＪＡにおける〝生涯のパートナー〟としての関係構築であるといえます。生涯を通じて相談者であり、暮らしに寄り添い、問題の解決を支援するという関係です。こうした生涯にわたる関係については、欧州では古くからオーダーメイドで洋服を仕立てるとか、革靴をつくる場合、お客と店のつながりは、生涯の関係で何世代にもわたって続いていくのです。さらに、町ぐるみで市民の暮らしを見守る方式が形づくられています。

この生涯のパートナーは、前項で紹介した「リレーションシップ・マーケティング」の考え方による組合員との〝関係性〟を管理するための仕組みです。具体的には、事業ごとの組合員の多様な取引内容を把握し、管理するほか取引内容について見直しを行います。また、本来はJA組織の運営への参画や委員への任命など、事業取引以外の関係性なども管理しますが、現実には、完全な仕組みの構築にはまだ多くの時間が必要でしょう。こうした仕組みの必要性は、担当職員の異動によって生じる組合員と担当職員との引き継ぎ上の課題も、この仕組みができていれば、何の問題もなくスムーズな引き継ぎは可能です。しかし、仕組みによって「組合員」対「担当職員」という関係から、「組合員」対「JA」となり、複数の職員が、一人の組合員を取り囲むような体制で契約関係を管理し、保全していくことができるわけです。定型的な業務は的確に、遅滞なく手続きが行われ、組合員の生涯のパートナーの相手は、担当の一職員だけではなく、複数以上のJA職員が担当する形態になり、内部のコミュニケーションと職員連携が課題になるでしょう。

ところで、生涯のパートナーという場合の情報管理によって、どんな農業経営を行っているか、どんなこだわりをもっているか、といった組合員のことがわかりやすくなります。したがって、支店でも職員は対応が的確でスピーディーになります。というのは、農業経営は短期間で関係が終了するような事業ではなく、営々と事業を営んでいきますから、さまざまなサポートを必要とします。金融事業でも最初は「設備投資の融資」に始まり、「運転資金」などへと関係が広がります。こうした関係性の強い組合員とは強いパートーナーシップで結びついているといえます。また、JAの支店と同じ地域に住んでいますから、事業取引以外でも親しい関係ができていると思いますし、意識するしないに関わらず、きわめて強い関係、〝生涯のパートナー〟が形成されるのは当然であるといえます。

そこで、生涯のパートナーであるメンバーとの取引関係については、一般的には、C・R・M（Customer Relationship Management＝顧客関係性管理）というマーケティング手法を活用して管理します。この手法は、取引きを管理するのは当たり前ですが、それが毎年の経営成績にどのように反映されているか、税金の申告の際に組合員とともに検証したり、農業経営や経済活動に対して、現状以上の経済的な価値を生み出すとすればどんな方法があるか、そのための方法を見つけ出していく作業のためにあります。

多くの先進的なJAが取り組んでいる比較的大きな規模の農業経営に対する多様なサポートや、一緒に経営課題を考える職員の姿勢や協働の行動は、生涯のパートナーの関係を一層強くしていきます。職員の努力には頭が下がる思いです。そのような対応を行うことができる農家数はけっして多くはありませんが、そこで得られる知識や経験はＪＡにとっても貴重なノウハウです。現場に若手の指導員を連れて行き、彼らをテーブルの端に座らせて、教育の場にしていたＪＡもありました。こうした活動を組織的なものにし、広げていくためには、経営情報をデータ化し、一定レベルでの定型的な分析ができるような仕組みや体制が必要です。

ＪＡ職員の組合員との協働活動は、地域との向き合い方や組合員への多様なアプローチの方法を学ぶことにもなりますが、何よりもＪＡ職員の行動がこれまで以上に理解されるようになります。その結果、生涯のパートナーといえるような組合員も増えていきます。さらに、大きな変化は、**生涯のパートナーとの関係を通じて、ＪＡの事業活動を理解し、職員の献身的と思える行動に接することで、ＪＡの事業活動に共感し、職員へ高い信頼感をもつことで、競合他社との違いも確認することから、ＪＡの事業活動を口コミで広げてくれたり、担当するＪＡ職員を支援したり、応援する組合員が生まれ、増えていきます。**

こうした動きは、組合員との事業取引を増やし、その関係性が深まるだけでなく、継続的な取引きへの発展とともに、新たな組合員・利用者を紹介してもらえたり、ＪＡの商品や事業取引を奨めてくれる〝営業マン〟の役割まで担ってくれる新しいパートナーの関係へと発展するのです。

関東のあるＪＡでのコンサルティングで、資産管理部会で活動している組合員との話し合いのなかで、「自分自身は、すべてＪＡとの共同で事業を行っていて、ＪＡの職員を信頼している。貯金も借入れもJA利用であり、他の金融機関は使っていない」と話していました。自分の賃貸物件に入居する人には、JA組織の大まかな内容を説明し、家賃の引落しの口座開設、公共料金の引落し、家財の共済加入など、まるでJAの職員のように説明し、奨めていることを自慢していました。それが、組合員の役割だとも話してくれました。

一〇年ほど前までは、JAを利用する組合員の満足度を高めるための私たちの調査は、それぞれの事業における代表的な商品を取り上げ、商品に対する品質や価格についての感想や評価を聞いたり、アンケート調査やグループヒアリング調査などを通じて得た情報をもとに、満足度を数値化し、改善策を考えてきました。しかし、いまではそれが満足度を測る尺度ではなく、JA組織の日常的な活動への理解、支店の窓口職員や渉外担当職員の応接の態度や姿勢などから、JAを他人に奨めたいと思うか、これからもJAを継続して利用し続けるかどうか、を調べることへと変化しています。**図2−2**の評価項目と関係性は、公益財団法人日本生産性本部のJCSI（日本版顧客満足度指数）の因果モデルを参考に作成しています。

組合員が利用者から理解者へ、そしてJA職員への支援者になってもらえることは、JAがメンバーシップの組織であり、地域で一緒に生きていく組織としての特性発揮の最上のかたちではないかと考えています。その可能性は、JAや職員がその鍵を握っています。組合員と同じ目線で一緒に考え協働する姿勢ではないかと思います。このような組合員の支援や口コミの継続は、JAの地域シェアの着実な拡大が図られますし、支店の事業収益にも貢献します。そ

図2－2　「組合員の満足度」を調べる場合の評価項目の関係性

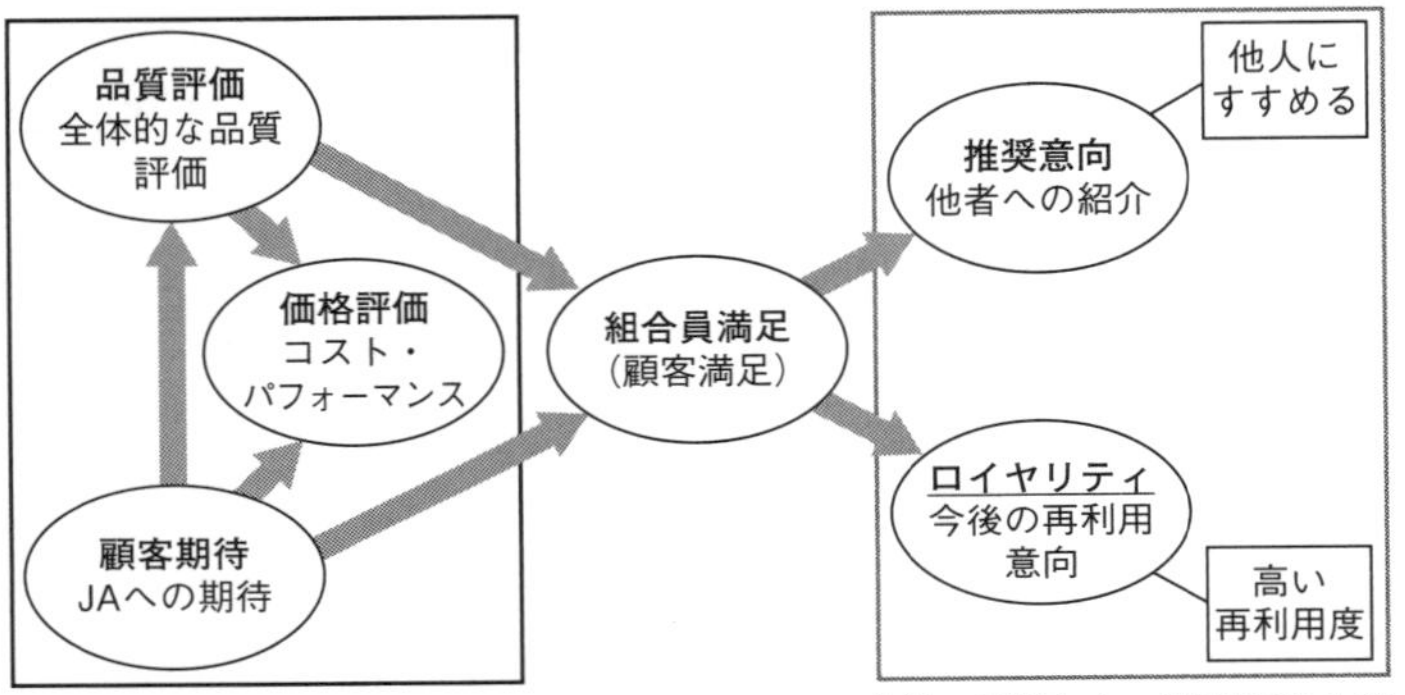

＊筆者作成

して、ＪＡの業務内容に変革をもたらします。職員の業務内容の質的な向上にもつながるのです。民間企業の顧客関係とは異なる強固な関係性を築いてほしいと願っています。

ちなみに、急速に拡大しているネット通販事業を行う企業の驚異的な実績の伸びは、顧客との関係性をベースにして拡大・発展をしてきていることも事実です。それを、relation（関係）、retention（維持、継続）、referral（推奨、紹介）の三つの頭文字をとって「３Ｒ」と呼んでいます。一般の企業組織は、ＪＡのように組合員というメンバーをもっているわけではありませんから、必死になって顧客との関係性を築かざるを得ないのです。

そして、顧客をカスタマーと呼ぶのは、単なる客ではなく、習慣のようにリピート利用してくれる関係（relation）をもつ客であり、その関係づくりは同時に、長く継続して取り引きし、お付き合いをしていく（retention）ための努力が必要です。さらに、信頼関係を築き、周囲の人たちに推奨、紹介してもらえる（referral）つながりをつくっていくことが、安定的な顧客を増やすことになるという考え方です。確かな信頼の基盤の乏しい顧客との関係づくりの新しいマーケティングのこうした動きに対しても注意を向けることが必要です。

マーケティングの定義を「顧客と企業組織の相互の〈満足〉を達成するための好循環モデルでプロセス」とする研究者がいますし、「顧客と企業組織の相互の成長的関係づくり」という研究者もいます。ＪＡという組織は、すでにその好循環モデルを実践しており、成長的関係づくりに挑んでいます。素晴らしい可能性と先進性をもっていることを誇りに思いたいものです。

■組合員とのプラスの連鎖を事業・経営に活かす
――組合員とＪＡのケーブル線をもっと太く

現在、サービス企業の多くが、顧客との〝結びつき〟をいかに強化するか必死に取り組んでいます。経済の低迷が続き、消費もまた横ばい状態であるために、新しい顧客獲得にコストをかけられない状況で、企業の多くがコスト削減を基本にした消極的な事業方針に転換しつつあります。その結果、既存の取引顧客との関係をさらに強化していくことにウエートをかけることで、効率的に成果が得られやすい事業の方法を選択する傾向が強くなっています。ビジネス雑誌などが頻繁に取り上げているキーワードでいえば、「顧客ロイヤリティ」です。お客さまから企業や組織、お店などに対して示される親密性や信頼性を顧客ロイヤリティと呼びます。いわゆる消費者の支持度であり、たとえばコンビニエンスストアでいえば、自分の生活スタイルに合っていて、利便性が高く、お気に入りの商品が多いなどを総合的に評価して支持する度合いが決まるのです。

この顧客ロイヤリティをいかに高めるかについては、ポイントカードを含む顧客の囲い込みなどが先行的に進み、既存の利用顧客維持対策にウエートをかける傾向が強まっています。別ないい方をすれば、新しい顧客獲得よりも既存顧客の利用増、利用機会の増加を中心に据えているということです。コスト削減を基本にした消極的な事業方針もその考え方で、前項で説明した「顧客関係性管理」（C・R・M）を活用して、顧客との結び付きを強めることを最優先にしています。

ここにきて、顧客ロイヤリティや顧客関係管理が重要視されるのは、ネットビジネスの急速な台頭によって、顧客との関係性の構築についての考え方が変化してきたからです。そして、ネットビジネスから少し離れたローカルな事業についての顧客との「関係性」の築き方、その強化方法など、難しい選択を求められています。

その意味では、ＪＡの場合はきわめて明確で、メンバーシップの組織であることから「組合員主義」を高く掲げ、地域と共に生きていく「地域主義」を強調していくことです。それが最終的には**組合員・利用者の信頼を得て、関係性を着実に進展させ、サービスのクオリティを高めることで、地域社会のＪＡへのロイヤリティも高まる**と考えます。そのためには、組合員や利用者との接点にある支店店舗や直売所店舗、ガソリンスタンド、葬祭施設など、すべてのサービス施設のサービスレベルを高めることが不可欠であると思っています。

　私たちは、ＪＡのコンサルティングのなかで、あるいは中核人材ビジネス能力開発研修のなかで、競合先調査を実施し、そのレポートを作成、理事者や管理職を対象にして発表会や研究会を実施して、情報の共有化、対応策の基本方針や職員の行動指針などを策定しています。この一〇年ほどの間に、ＪＡが行う事業や施設と競合関係にある施設が淘汰され、競争力を増していることは間違いありません。しかし、都市的な地域であっても、農村的な地域であっても、ＪＡのサービスレベルを上げていくことで、これまで以上にシェアを高め、組織拡大を図ることは可能であると考えています。なぜなら、**ＪＡの施設と比較される事業施設の多くが、マニュアルに頼った事業が中心であり、働くスタッフの資質も労働条件も、ＪＡの職員レベルからいえば、差別化が十分に可能な状況にある**と考えるからです。

　ただし、注意してほしいことは、ＪＡ自身の施設運営にも、マニュアル依存の傾向が強くなっていることです。ＪＡの施設の現状を見直し、職場の学習会や職員間のミーティングなど、サービスレベルのセルフ・アセスメント（自己評価と改善活動）を実施したり、スタッフ同士の日常チェックなどの取り組みは欠かせないと思います。

図2－3　サービス・ベネフィット・チェーン

サービスの好循環・連鎖がサービス経営の基本

・ベネフィット＝真の価値

（数字やお金に表せるもの、表せない価値・満足や幸福感なども含む。）

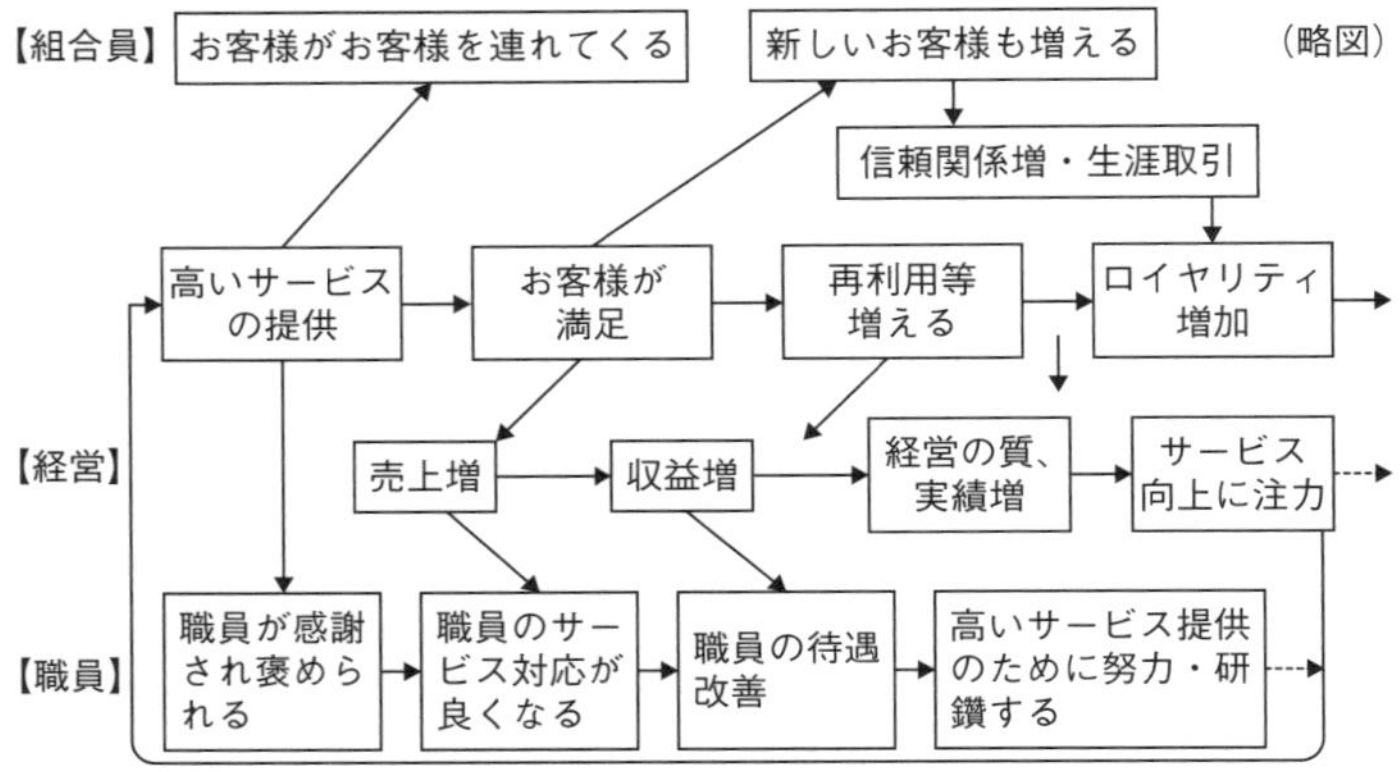

＊筆者作成

そこで、サービスレベルを高めることが、いかに重要かを理解するものとしてサービス・ベネフィット・チェーンの考え方があります。（図2－3）

ベネフィット（benefit）は、公的な利益、集団の幸福につながる利益、真の価値、利便性、満足感といった意味ですが、JAが行うサービスレベルを上げることで、組合員や利用者にとっても、JAの職員にとっても、そしてJAの経営にとっても、三者が満足できる循環的モデルを理解してもらおうという目的で作成したものです。

もう少し詳しく説明しますと、組合員・利用者接点であるフロント・ラインで働く職員の対応などのサービスレベルを高めることで、JAの施設の利用者数が増え、利用者満足を高め、新しい利用者が増えることから、売上げの増加につながり、収益も増加する。利用者のロイヤリティを高め、職員の待遇改善が行われるから、経営サイドも職員サイドも、もっと高いサービスレベルをめざす。このことがさらに、組合員の満足度を高め、経営の収益を高め、職員の待遇が変わる、という好循環的モデルであり、サービス経営の基本です。

こうしたサービスの品質を高めることによって、組合員や利用者のＪＡ事業の利用量が伸ばされ、優位性の発揮が期待できるわけです。なかでも、ＪＡの事業の特性である複数の事業を兼営しているのですから、その複数の事業を利用してもらえるような業務のあり方を考えなければなりません。ところが、ＪＡは事業ごとの垣根が高く、複合的な目標をもって事業活動を行う職員は限られています。支店の窓口も金融と共済、経済に分かれていたり、渉外担当職員も金融・共済・経済と分かれています。組合員は一人なのに、ＪＡの職員はそれぞれの事業部門の渉外担当者が訪問するというおかしな体制になっており、組合員からは事前に調整したらどうか、とする厳しい意見もあります。チラシの配布や説明は一人の職員で行い、各事業のパンフレットについても訪問先にマッチした総合パンフレットを新たに作成することも必要です。私は以前から、ＪＡの利用者層に合わせた「ＪＡの総合カタログ」を作成し、提案できる商品やサービスを見えるようにすることが必要ではないか、とお願いしています。

サービスの品質を高めていくとともに、ＪＡと組合員との事業利用や運営参加など関係性を高めていくことが、ＪＡの特性である複数の事業利用増による兼営効果の発揮と、トータルコストを低下させるという、ＪＡ経営の最大のメリット発揮とその追求が重要だといえます。そのためのポイントは、組合員を含めて利用者数を増やすこともさることながら、利用率の高い組合員を増やすこと、いわゆる利用状況や関係性を太くすることです。

私は、組合員とＪＡとの「関係性」管理の考え方として、太いケーブル線を描いて説明します。ケーブル線を縦に切り裂くと、数え切れない細い線が集合しています。この細い線が、ＪＡと組合員のさまざまな関係です。組合員が利用している金融や共済、経済などの事業取引に加え、役員や委員としての会議への出席や活動への参加、さまざまな組織の運営への参画など、事業取引以外のつながりもあります。こうした多様なつながり、細い線の束であるケーブルが太ければ太いほど、ＪＡとの関係が深いわけで、見方を変えれば、組合員のＪＡに対する満足度が高い、もしくはロイヤリティが高いという仮説は成り立つと考えられます。

したがって、組合員とその家族を含めて、ケーブル線を太くしていくことがＪＡの最優先の課題ですが、まずは組合員によって異なるケーブル線の太さやケーブル線のなかの取引きや関係性の違いを見定めることが大切になります。ここに目を向けずに、一律な事業推進や訪問活動を展開してしまうと、目に見える実績を獲得することが難しくなります。個々の取引状況を分析できるかどうか、それが成果につながることを理解してほしいのです。

ここで、関連して、ＪＡがマーケティング戦略として取り組むべき三つのシェア・アップの基本的な考え方を確認しておきたいと思います。**図２―４**を参照してください。ＪＡの事業戦

図２－４　JAの事業戦略の基本である「３つのシェア・アップ」

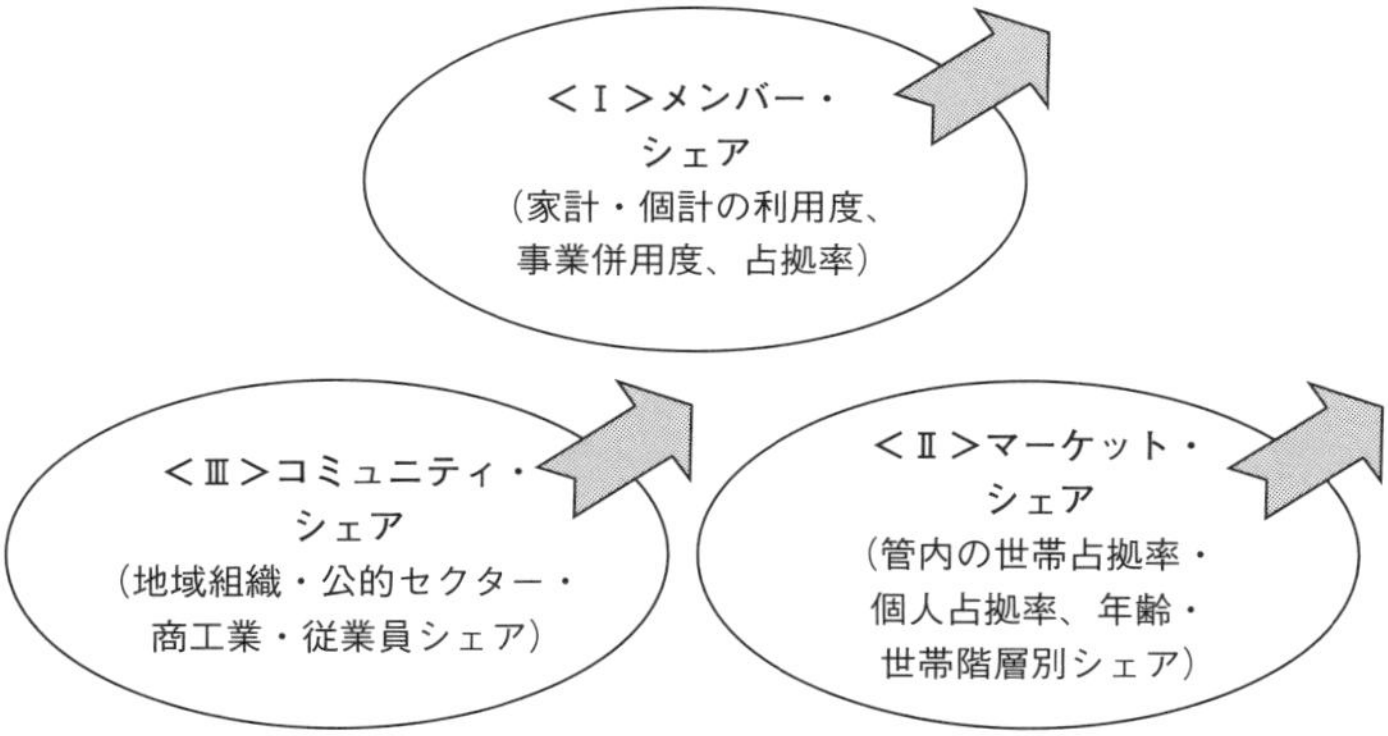

＊筆者作成

略の基本である「三つのシェア・アップ」とは、＜Ｉ＞メンバー・シェア、＜Ⅱ＞マーケット・シェア、＜Ⅲ＞コミュニティ・シェアの三つです。

＜Ｉ＞メンバー・シェアは、組合員のＪＡ事業の利用割合のことで、事業の利用度、家計貯蓄に占めるＪＡのシェアなどを高めることが「目標」になります。わかりやすくいえば、保有する貯蓄のうち、ＪＡへの貯金高、利用率を高めることです。＜Ⅱ＞マーケット・シェアは、支店管内地域のＪＡ事業のシェアを金額ベースだけでなく、利用者ベース、件数ベースなどで、エリア内でのＪＡシェアを高めることです。＜Ⅲ＞コミュニティ・シェアは、支店管内の商工会、管内の企業、行政、第三セクターなど、商店主や企業、行政などへのアプローチを通じて、従業員などのＪＡの利用を高めてもらうことです。そのなかで優先すべき戦略を経営資源の最有効性を判断して選択することになります。

ＪＡの各支店においては、金融・共済の事業戦略上の目標値は、この三つのシェアを単年度だけでなく、中長期の目標にも掲げて取り組むことです。最終的には、それぞれの支店が管内地域におけるＪＡのポジション（位置）を着実に上げていく努力を行うことであり、前向きで積極的な〝全職員営業活動〟と称して、支店職員全員が店舗周辺地域に出て行って、取り組むＪＡもあります。

■サービス・マーケティングは4CとS・T・Pで考えよう
――セグメンテーション（細分化）は仕事を変える

ＪＡが行っている事業すべてがサービス事業ですから、マーケティングは当然のように、サービス・マーケティングで戦略づくりをするのが適当であるといえます。そこで、私たちがＪＡのコンサルティングでも使っている４Ｃを使った簡易分析、点検運動について紹介しましょう。

これまでのマーケティング論は、企業サイドからのものが多かったといえます。しかし、この４Ｃは、消費者（顧客）サイドからみたマーケティング論であるという点が大きな違いです。ＪＡはメンバーシップの組織ですから、この４Ｃの方が検討しやすく、課題の検討を行い提案書を作成・説明する場合でも、理解されやすいとの評価で、私たちも最近は４Ｃ分析を採用し、

4Cをもとにして提案書の作成をしています。
まず、4Cとは何かを説明します。
①Consumer（消費者）
　JAの組合員や利用者のニーズとウォンツの解明こそが、サービスや商品を定義づけることができ、商品コンセプトや開発プロセスなどを再検討・再検証する。
②Cost（価格）
　コスト（費用）は、消費者にとっては価格の一部になっている。消費者は商品の価格だけではなく購入コスト、時間コストを費やし、価格と合わせて考えている。
③Convenience（利便）
　JAのサービスを受ける場合、また、消費行動の場合、場所だけではなく、買いやすさ、決済のしやすさ、商品内容のわかりやすさなどを重視。
④Communication（対話）
　これまでは、広告やチラシなどのPRを行って売り込むことをしていたが、コミュニケーションを通じて、理解してもらい、興味をもってもらい、納得して購入してもらうことが大事。口コミの力も大きい。

　この4Cを使って、JAの事業や商品を見直す場合に、もう一つ使ってほしい重要なビジネスツールがS・T・Pです。このS・T・Pについても説明します。

①Segmentation（市場細分化）

市場分析の結果を踏まえて、組合員や利用者、不特定多数の人々について、同じニーズをもつグループ・階層・固まりに分けること。

②Targeting（標的市場の選定）

市場を構成するさまざまなセグメント（グループ、固まり）のなかから、自分の組織（自社）が事業を展開するのにもっともふさわしいセグメントを選び出すこと。的を絞ること。

③Positioning（市場での自社の立ち位置）

競合する商品やサービス（競争企業）に対して、JA組織、商品・サービスをどう差別化するかの立ち位置を確認する。組合員や利用者に対し、自分だけの、特別の価値があるもの、と考えてもらうための活動。

このなかで、①のセグメンテーションは、同一の性質やニーズをもつセグメントに分類する場合のカテゴリー（変数）があるので、それも紹介します。

一つめは、地理的変数です。具体的には、地域別、地帯別などですが、広域的には、国内では地方、都市部・農村部などの地帯別、管内地域の市町村別、平場農村地域・中山間地域・山村地域などの分類です。

二つめは、人口動態変数です。これはJAのなかでも、比較的頻繁に使う分類法です。組合員の年齢階層別・性別・家族構成別などが一般的です。さらに、職業別・所得階層別・販売金額別などの分類が考えられます。

三つめは、心理的変数です。これは分類が難しいのですが、組合員の行動特性別、ライフスタイル別などの分類です。

四つめは、消費行動変数です。これは組合員のニーズ、求めるもの・こと、店舗の利用頻度や利用率別、利用金額別、利用スタイル別などでの分類です。

以上、S・T・Pでマーケティング戦略を考える場合、組合員や利用者は同一のニーズや価値観をもっているわけではなく、極端にいえば一人ひとり違いがあるわけです。そこで、**セグメンテーションによって細分化し、ある特定の固まりに絞り込んで仕事をすることで、効率性（低コスト）と効果性（満足度）の最大化を図ることができる仕事**を選択しようというわけです。

そして、セグメンテーションをもとにして分類したセグメントに対して、どこから手をつけるか、何から取り組むか、何に的を絞るかを考えます。これが②のターゲッティングです。JAや支店で、どんな組合員を対象にし何をするかを考えるような場合に、まずは組合員や地域や利用形態などでセグメントし、ターゲットを絞って、仕事に優先順位をつけて取り組むのは、仕事のセオリー（鉄則）であるといえます。

さらに、JAや各支店が管轄する地域において、JAの現在の立ち位置、いわゆる市場でのポジションを考えてみると、たとえば、JAの貯金残高は管内地域の個人預貯金の金額に占めるシェアがどのくらいか、貸出金残高はどうか、生命共済のシェアはどうかなど、JAの現在のポジションから、どんな目標を立て、いつまでにどのくらいのシェアをめざすのか、ＪＡのもつ強みや価値を活かして、それをどう実現するか、これが③のポジショニングです。

このＳ・Ｔ・Ｐの活用は、あらゆる業務や事業プラン、戦略づくりに活用するツールですが、これに先の４Ｃを組み合わせると、より現実的で実践的な方針や対応策がみつかります。これが中期計画、事業計画を策定する前作業のポイントです。

では、４Ｃの考え方を使って、現在のＪＡの金融事業や共済事業、購買事業、利用事業などを検証してみましょう。利用する組合員は、どのような意見や考えをもっているか、どんな不満を口にしているか、何があったらＪＡの利用が増えるか、などのテーマで、組合員から話を聞いてくることにしたとします。そこでアンケートに頼らず、どんな組合員の話を聞いてくればよいか。ここでもＳ・Ｔ・Ｐを使って、ＪＡの利用度の高い組合員をセグメンテーションします。そのなかから、とくにＪＡの事業のなかで、中心となる事業利用の多い組合員で、年齢、家族構成をセグメントしてターゲットを絞ります。そこで、訪問できる世帯数を決めて、手分けをして訪問のアポイントを取り、実行します。

話を聞かせてもらうテーマは、ＪＡの目玉商品であったり、ＪＡらしいサービスと考えられることに対する評価とします。あるいは、ＪＡの金融店舗の利用者からみた良い点と改善点を聞くという場合、組合員のなかから女性をセグメントし、なかでも小さな子供を抱えている母親をターゲットにして話を聞かせてもらう、というように４ＣとＳ・Ｔ・Ｐを組み合わせると、すぐに具体的で行動的でスピードがある仕事が実行できるのです。

これまでのマーケティング論は、企業サイド、JAの側からみた市場の動向や組合員・利用者の利用実態を分析し、課題を明らかにするという姿勢で取り組むことが多かったのですが、4Cは、組合員サイド、利用者の立場から課題を明らかにしていくプロセスを優先するわけで、明らかに改善提案の内容が違ってきます。しかも、利用者の意見ですから、きわめて具体的で、店舗の改善に関しては、細々とした貴重な意見をもらい、改善することができるケースが多いのです。同様に、組合員や利用者の立場から、利便性を考えてもらい、その改善を経営者に提案することで、優先して費用を捻出してもらい、店内の設備の改修と、新しく座るタイプの記帳台を導入したり、ソファの交換などを行ったケースもありました。4Cでの検討は、スピーディーな改革を実現できるのです。

また、4Cでの検討を行ったJA職員のプロジェクトチームにおいて、職員自身が問題に気づき、反省して、すぐにでも見直そうと提案することになったのは、④のコミュニケーションのところです。何の疑問もなく、組合員のお宅に持参していたJA事業のパンフレットです。職員間で見直しをして、いかに読みにくいか、文字が小さいか、わかりにくいか、に気づいたのです。

すぐにできること、やれることは、どんなミーティングでも会議でも気づきますが、それをスピーディーに改善・改革できるかどうかが大事です。4CとS・T・P、さっそく話し合いを始めましょう。

■「一：五の法則」と事業の推進活動
――既存の関係は強い、新規開拓より優先したいこと

国民の人口に対する普及率が一三一％という数字があるのですが、何だと思いますか。ほとんど想像できない数値です。これは二〇一八年三月に総務省が発表した二〇一七年度末の携帯電話・自動車電話の契約数から算出した普及率です。調査時点での携帯電話などの契約件数は一億六六〇〇万台。一三一％という普及率は、〇歳児を含めて、すべての国民を分母にしている数値ということになります。

この契約数は大手三社の寡占状態ですから、新しい携帯電話の商品が出るたびに、獲得競争が激化しています。許認可権をもつ政府は、「異常な競争よりも既存の契約者を大事にして料金を下げなさい」と強く要請しています。たしかに、日本の携帯電話代は高すぎると思いますし、競争によって料金が下がるという競争の原理はまったく働いていないのではないかと思います。

しかしながら、政府の要請とは裏腹に、携帯電話各社の契約者獲得競争は激しくなっています。そして、競争に関する費用を調べてみると、他社の契約者を獲得するための費用（スイッ

チング・コスト）がきわめて高くついていることがわかります。一方で、これはマーケティング研究者の調査結果から得られた推計値ですが、既存の携帯電話の契約者が他社に契約変更する、いわゆる顧客離れの件数を五％減らすだけで、利益が二五％も増加したという調査結果が紹介されています。したがって、携帯電話各社が、既存契約者へのサービスを強化、厚くすることで、契約者の顧客満足度を上げる方向に転換しつつある、といわれています。

こうした傾向を裏付けるマーケティングの法則に**「一：五の法則」があります。この法則は、新規の顧客を獲得するためにかかるコストは、既存の顧客を維持するためにかかるコストの約五倍になるという法則です。**また、先述した五％の客離れを減らすだけで、利益が二五％増加したということも法則化されていて「五：二五の法則」といわれています。

これは、アメリカの大手コンサルティング会社のディレクターが見出した法則で、あちこちで紹介されていますからご存じの方もいるでしょうが、あのマーケティング界の大家であるコトラーも、同じようなことを語っています。

「企業は新規顧客を獲得するために必要以上の経費をかけている場合があります。顧客維持より新規顧客の獲得を重視した場合、短期的には売上げが上がっているようにみえることもあるため、気づきにくいのですが、新規顧客獲得に必要以上の経費をかけ続ければ、企業は早晩破綻せざるを得なくなることに注意が必要です」と。

この半世紀のセールスの歴史をみれば、新規顧客の獲得がいかに重要であり、会社を成長させてきたことか、と考える人は多いと思います。それを端から否定するわけではありません。でも、その前にやれることを優先したらどうか、というのが私の提案です。

以前、ＪＡも貯金を集めるために、特別金利を付けてキャンペーンを実施し、貯金残高を一気に増やした時期がありますが、金利だけが魅力だと思った顧客は、優遇金利の期間の終了とともに、別な金融機関に貯金を移動します。コストをかけて貯金を集めても、顧客を集めることにはならず、貯金は逃げていくのです。ＪＡも金融機関ですから、長くお付き合いいただける顧客との関係づくりを大切にしたいと考えています。何が必要なのかを、顧客側の論理で考えてみることです。

そこで、新規顧客獲得をめざしたセールスに力を入れる前に、先にやれること、できることをしてみませんか、という提案をしたいと思います。前項で紹介したＳ・Ｔ・Ｐを使い、ＪＡがもっている組合員の取引データを重ねてみると、すぐにでも行動に起こせる訪問・提案活動がみえるのです。

まず、**図2－5**を参照してください。

この図は、あるＪＡの支店に管内の組合員世帯のうち、ＪＡ共済の生命・建物・自動車（ひと・いえ・くるま）の三種類の共済契約をしている世帯をＣ・Ｒ・Ｍ（顧客関係性管理）をもとに分類したものです。生命・建物・自動車の三種類の共済契約をしている世帯を「Ａ」、生命と建物だけは「Ｂ」、生命と自動車は「Ｃ」、建物と自動車は「Ｄ」、生命だけは「Ｅ」、建物だ

図２－５　組合員の取引内容をC・R・Mで分類しS・T・Pで分析する

〈例題〉テーマ：「くるまの共済契約者を増やす」アプローチは？

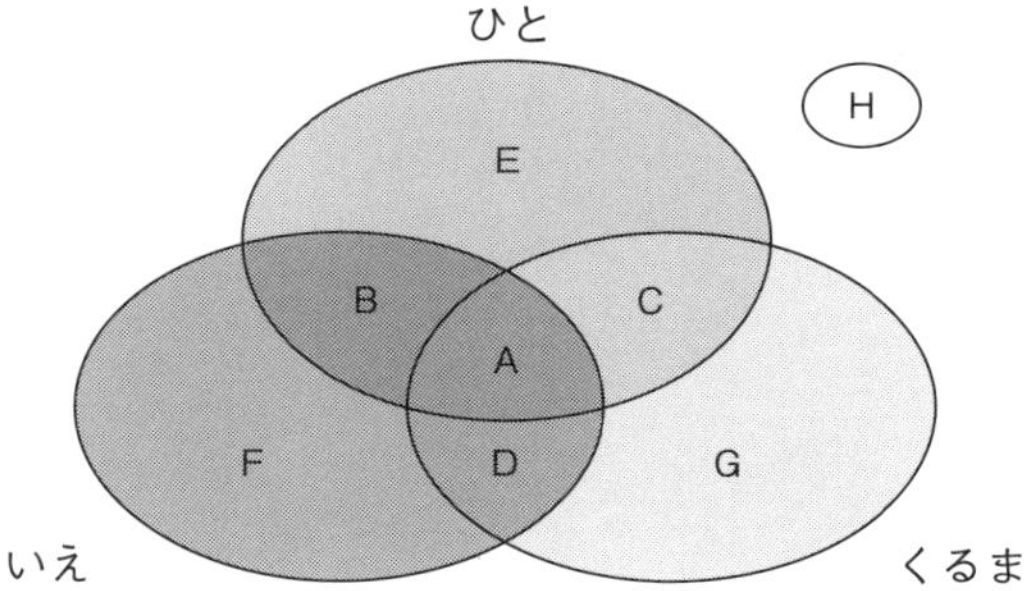

＊筆者作成

けは「F」、自動車だけは「G」、いずれのJA共済にも契約していない世帯は「H」です。

そこで、この図をみて、「くるまの共済契約者を増やす」アプローチを行うとすれば、AからHまでの世帯のどこに自動車共済のパンフレットを持って出かけますか？　あなたの答えを教えてください、という質問です。

たとえば、私が行っている中核人材ビジネス能力開発研修を受講している職員は、つぎのような回答をしてくれました。

①Aは目一杯契約している可能性が高いから注意が必要だが、加入してもらいやすいので真っ先に訪問したい。
②E・B・Fには、比較的話しやすいので訪問したい。
③C・D・Gは、既契約だが、保全を兼ね、家族の未契約車もあるかもしれないので、訪問したい。
④Hから契約をとるのは時間・コストがかかるし、優

先順位は最後位。契約目標を立てるとすればE・B・Fであり、加入割合の目標値をあげて取り組むことが可能。

このような訪問活動に出かけるうえでの優先順位がみえたのは、JAが保有している共済システムのデータを活用してC・R・M（顧客関係性管理）によって、組合員世帯別の契約実績をS・T・Pでセグメンテーションして作図したからです。これによって、新規の契約獲得のためにアクションを起こす前に、やるべきこととして、訪問する世帯を明確にできたのです。

これが、マーケティングを活用した事業展開の一例です。このような図は、営農資材の「肥料」「農薬」「営農資材」の三種類の農家の取引データから作図することもできますし、金融事業でも総合口座にセットされている「定期貯金」「公共料金振替」「給与振替・年金振込」の三種類がセットされている総合口座を調べてみるなど、この考え方を活用すれば数多くの成果につながり、低コストの〝訪問提案バリエーション〟が作成できます。

第三章

互いの能力を高め、人・現場を活かす

Empowerment

■組織の力を引き出す次代の組織への準備を
――イルカの戦略に学ぶこと

毎日、政治や経済のニュースに接することが不快に感じるようになってきました。わが国の政治家や官僚たちのでたらめぶりは我慢の限界を超えます。さらに、企業の不祥事や法令違反、一体、日本はどうなったのでしょうか。そして、利己的で排他的な国家主義の台頭と醜悪なリーダーの振る舞い、世界も狂いが生じています。

これらの動きの背景には、新自由主義、グローバリズムの存在が大きいように思えます。競争と効率、規制緩和と聖域なき構造改革は、人心と離れたところにあるように感じます。それは、社会の歪みを拡大させ、現実に格差と貧困を生み出しています。日本人の美徳とされてきた他愛主義や克己心は、どこかへ吹き飛んでしまったようです。いまこそ、私たちのストロングポイント（強いところ）を活かさなければいけないのに、逆方向に動いているようです。

ここで、ちょっと頭の体操にお付き合いください。二〇年近く前、米国のカリフォルニア州サンディエゴで、ある実験が行われました。大きなプールに九五頭のサメと五頭のイルカをいっしょに入れ、一週間放っておいたそうです。さて、一週間後、読者のみなさんは、プールのなかでは何が起きたと思いますか？　その答えは、プールのなかには九五頭のサメの死がいと、仲よく遊ぶ五頭のイルカがいたそうです。

「プールに入れられたサメは、お互いに攻撃しあいました。しばらくして残っていたのは、ほんの数頭のサメと五頭のイルカだけ。サメはイルカを攻撃し始めます。けれども、イルカのほうはサメと遊びたいと思いました。イルカというのは、ご存知のように、生まれつき朗らかで協調性のある生き物ですから。

サメの心理状態というのは、イルカの対極にあります。サメは「他者」を常に潜在的な敵とみなします。つまり、潜在的な食料と！

大きなプールのなかにいたイルカたちは、残ったサメと遊ぼうとしました。けれども、サメにとってイルカは敵でしかありません。イルカは自分たちが遊びたいだけだということを示そうと、あの手この手で仲よくなろうとしますが、サメのほうはひっきりなしにイルカを攻撃してきます。やがてイルカは円になって静かにサメを取り囲み、次にサメが襲ってきた瞬間、ついに背骨に体当たり、あばら骨に猛アタック！　こうして、サメたちは一頭、また一頭と死んでいきました。イルカと遊ぼうとしなかったために。協働しようとしなかったために。」

この文章は、私が企画・監修をして翻訳出版した『咲かせたい花に水をあげましょう』（フレッチャー・ピーコック著、BKC）という本の一節です。

いまから九年前、イギリスの友人に奨められてこの本を読んだ際に、このイルカたちは未来の協同組合を志向している、と思ったものです。「ソリューションフォーカス」という欧州で広がった新しい解決志向の本なのですが、この一節は印象的でした。そして、この本が貫いている考え方は「協働」です。私もこの本との出会い以来、人を活かす、他者を活かす「協働」をテーマに、仕事のなかでもその活用を行ってきました。

このイルカの話からあらためて教えられること、現在のＪＡに必要なことを考えてみると、競争とか競合する以前の問題として、自身の組織の足下をしっかりと確認してみることです。これからのＪＡの組織や事業活動に向けて、確かな手応えのある活動、数値、実績から、前向きに活かしていく経営資源を確認することが必要ではないかと思います。ＪＡにはいくつものプレッシャーがあります。准組合員問題を筆頭に、この先々の経営バランスの厳しさ、事業の伸び悩み、若手・中堅職員の離職など、私がコンサルティングや研修でお付き合いしている優良ＪＡといわれる組織でも、先行きの不安を過剰なほどに重く受け止めています。これからが〝厳しさ本番〟であることは間違いありません。

こうしたなかで、確かな手応えのあることに取り組むことが必要であると思います。確かな手応えとは、組合員のみなさんとの対話であり、あらゆる機会を活かした組合員とのコミュニケーションに取り組むことであり、それを受け止める仕組みと体制を用意することです。

現在、私がお手伝いしている神奈川県のＪＡあつぎでは、以前から、年に二回にわたって常勤役員が支店や集落をまわり、組合員との話し合いを重ねてきています。そして、二〇一九年の二月からは、組織をあげて〝一大学習運動〟を展開しています。テーマは、集落ごとに組織されていて、総代の選出や理事の選出母体となっている組合員組織を積極的に見直そうという運動です。最初は、すべての役職員が、集落組織の歴史や現状、未来志向で組合員組織の強化、ＪＡの民主的な運営のあり方をどう考えるか、という課題認識で行う職員の学習運動から取り組みます。すでに、全職員用の学習誌『わたしたちＪＡあつぎの生産組合を知ろう・学ぼう・考えよう』を作成し、各職場単位での学習会の開催と話し合いを実施しています。

この集落ごとの組合員組織は半世紀以上の歴史をもっており、一九六〇年代当時に比べて、当該ＪＡの管内の農家数や農地面積はほぼ三分の一に減少しました。この間、人口は約五倍、世帯数は九倍に増加しました。このような社会経済の大きな変化のなかで、ＪＡの集落組織は組合員のみなさんが支えて、今日まで続いているのです。この事実は何も変わりません。ＪＡにとっての大きな財産です。運営の継続が難しい集落組織について組織のあり方をしっかり考えていこうという取り組みはすばらしいことです。これまでは成り行きに任せてきた傾向がありましたから、ＪＡが積極的に注意を向け、組織の存在を評価し、期待を含めて考え直すことで組織にも変化が生じるはずです。この学習運動によって、組織の未来を確信できる成果が得られることを期待したいと思います。新しい地域社会において、お互いを活かす〝協働〟の核的組織として。

■職員のソフト・スキルの向上と活用を
――思考力・行動力・チーム力を高める

この三〇年でビジネス環境は劇的に変化しました。一九八〇年代に入って、職場のなかにコンピュータが入るようになってわずか一〇年も経たないうちに、職場では一人一台になりました。経済は低迷してきていますが、市場は成熟化し、社会のIT化（情報通信）、ICT化（情報通信技術）による活用の拡大、高度化によってIoT（モノのネット化）、AI（人工知能）の進化・活用へと進み、近年の動きや変化には追いつけない組織がいくつもあるのが現状です。

こうした一連の環境変化によってビジネスが足下から変わり、産業構造の激変、物流から消費生活レベルに至るまで情報社会化が進んでいます。このために、企業の経営においても、事業のあり方や業務システムなども大きく変化しています。こうした変化は、企業が職場などで求めるスタッフの能力にも生じています。

市場の成熟化、消費の低迷、デフレ経済化などによって、右肩上がりの成長の実感のない市場動向へと変化してきています。一方で、消費者のニーズは多様化し、商品サイクルは短期化し、消費低迷するという複雑な環境のなかで企業経営は新たな価値ある商品やサービスの創造でしのぎを削っています。

JAにおいても、こうした環境の下で事業の展開を図りながらも、新たな事業システムの構築とその活用能力の向上に努めながら、組合員や利用者、地域のみなさんの期待やニーズに応える事業の展開が求められています。こうした動きにより、当然、ＪＡの職員に対する期待や要請も変わってきています。

そして、ＪＡに限ったことではありませんが、企業が求めるスタッフの能力についても変化してきています。そのなかで、共通して企業サイドが求めるスタッフの能力として、これまでの成功モデルの踏襲から、新しい価値の創出に向けての行動力、とことん考え抜く思考力、さらには、多様な人々と協働し、チームワークで仕事ができる能力などの必要性が論じられるようになりました。

政府の研究会などでは、一〇年ほど前に、社会人としての基礎的な三つの求められる能力を掲げました。私は、それ以前の欧米の動きを参考にして、三つの能力を〝ソフト・スキル〟として紹介しました。実は、この能力は現在もＪＡの仕事を通じて、職員に求められていることです。

①前に踏み出す力（アクション）～一歩前に踏み出し、失敗しても粘り強く取り組む力～
②考え抜く力（シンキング）～疑問をもち、考え抜く力～
③チームで働く力（チームワーク）～多様な人とともに、目標に向けて協力する力～

ＪＡ事業のマニュアル型業務の遂行と個人目標の達成を最優先する職場・職員に足りないもの、それは自ら行動する力、考え抜く力、チームとともに働く力です。

この三つの能力アップを前提に、ＪＡのコンサルティングを通じて、三〇歳前後の職員に必要と思われるビジネススキルやビジネスフレームワークなどの基礎的なスキルとともに、問題解決論、コミュニケーション論、サービス論、マーケティング論、組織論とチームワーク論などを集中的に学ぶ「中核人材ビジネス能力開発研修」（一〇回、八か月コース）を開発し、個別のＪＡにおいて実施し、約二五年ほど経過しています。現在も毎年八ＪＡで実施しており、ＪＡ松本ハイランドは「人づくり塾」とし一四年間続き、ＪＡおきなわは「知恵塾」、ＪＡ邑楽館林も「中核人材能力開発」で七年継続しています。

この研修プログラム（表3－1）を企画したのは、ＪＡの中堅職員とともに、コンサルティングで中長期の計画や戦略づくりを一緒に行うなかで、どうしても基本的なビジネススキルの学習機会がないこと、ＪＡの事業にとって欠かせないコミュニケーション論、サービス論やマーケティング論は必須科目であり、ＪＡの現場で使える範囲の知識を集中的に学んでもらうことを目的にしています。この研修では、グループ討議やチーム学習を重視し、毎回の読書レポートや企業事例研究、そして修了論文の作成でも、みんなからの協力・支援を得て、論文を仕上げていくという〝協働のプロセス〟を大事にしています。

修了論文の発表会も、相互学習型発表会として、役員から管理職まで、論文から学ぶことを互いに学習しながら、アドバイスをお願いする発表会にしており、発表者も参加者も真剣に討議をしています。

表３－１　㈱A・ライフ・デザインの『JA中核人材ビジネス能力開発研修』基本プログラムの概要

◆オリエンテーション	
●現代JAとビジネススキル	ポジティブシンキング、ビジネス・コミュニケーション JA組織の理解と課題へのアプローチ、ソリューション・フォーカス（SF）とその哲学・活用法
●課題・問題と解決法	職場の課題解決スキル（ソリューション・フォーカス）、経営変革へのアプローチとプランづくり、ポジティブ問題解決
●マネジメント概論	〈JAの経営戦略〉 JAの組織・事業・経営の特性と現代的な課題、組織特性論、サービス･マネジメント
●サービス事業論	〈サービス論と組合員満足〉 講義・ケーススタディ
●マーケティングと事業戦略	〈JAのマーケティングのあり方と事業プランの立て方〉実践管理・講義・グループ討議
●マーケティング活用の実際とコーチング	コミュニケーションと組合員・顧客関係管理の考え方とすすめ方、コーチング
●JAの組織論とチームマネジメント	現代組織の特徴、組合員組織の強化・整備
●リーダー論・自己変革	ビジネス組織論、職場組織論、チーム・マネジメント論とリーダーシップ

【備考】
①研修前に事前課題・読書レポートの作成・提出があります。
②研修において、必読書として上記読書レポートを求める以外に、推薦図書があります。

■人のやる気と能力を引き出す〝小さな実践〟
――可能性にチャレンジする人づくりの素

先述したとおりイルカは生まれつきもっとも協調性のある動物で、朗らかで遊び好きな生き物だといいます。そしてみんなが満足できるように行動します。哺乳類であるイルカのすばらしい性格を真似ることは叶いませんが、残りの人生に活かせたらいいな、とは思います。これからの協同組織のあり様として、先々の目標としての姿を描くことはできそうです。

協調性のあるイルカが朗らかに生き続けるためには、生息が可能な豊潤な海が存在し続けることが必要です。協同組織も同様で、組織が健全に生き続けるための環境は必要ですが、苦難な時代も生き抜いてきた歴史をもっている協同組織ですから、ここは歯を食いしばっても、未来志向で組織の持続的な成長をめざして、自らの努力や研鑽に励み、組織のもつ潜在的な可能性を伸ばし、発揮していくことが必要であると思います。

私はイルカの性格は、ＪＡで働く職員にも共通しているのではないかと考えています。「序章にかえて」で、ＪＡの職員について、経営者や管理者へのお願いを書きました。一つは、もっと職員を大事にして、話を聞いてあげてください、二つめには職員を「動かす」ことよりも、自ら「動く」職員を育ててください、三つめには、楽しく「仕事」をする職員を増やす努力をしてください、の三点です。

これらに共通していることは、職員に目を向け、話を聞くこと、職員に関心をもつことです。そして、つぎの四つのキーワードがいつでも言葉で発せられるように、胸に押し込めて態度で表現するか、常に準備しておいてほしいと思います。それは「共感」、「賛同」、「肯定」、「承認」です。部下であろうが、他部門の職員であろうが、とにかく職員の行動や発言で気づいたことがあったら、この四つのキーワードを意識して声をかけるか、態度で示すことです。とかくＪＡの職場は、部や課ごとに机の島ができていて、「隣の島には一切関心を示さないぞ」といっているかのような職場風土を感じます。担当部門が変われば、なおのこと無関心であり、性別の違いはさらに冷たい感じがします。

人間は、注意を向けられたり、関心を向けられたり、興味をもたれるようになると、意識し、努力し、格好をつけようとします。長年、職員研修にも関わってきましたが、講師が職員に関心を示さなければ、職員の学習意欲は高まりません。同じように、職場のなかで、良きにつけ悪しきにつけ、注意を向けてもらっているという空気を感じるかどうかが、大きなポイントです。

そこで、ＪＡのなかで常に実践してほしいことがあります。ほんとに小さなことです。それは、職員の行動や発言に対して互いにリフレクション（reflection＝反射）を意識して、実行してほしいのです。このリフレクションはことあるごとに使いたいのです。リフレクションを自分自身で「内省すること」、自分の行動や経験を「振り返ること」という意味で和訳されますが、単純に「反射」と考えて、先の四つのキーワードとともに活用すると、さらに効果は高まります。

私たちは、何かの行動や発言に対して、速やかな「反射」、それもプラスの「反射」があるだけで、人間はそこから多様な前向きな動きや働きをします。私は、研修のなかで、三人の小さなグループや七人ほどの中くらいのグループなどをつくって、話し合いや討論をしますが、その際にお願いするのはリフレクション（反射）です。具体的に何をするかといえば、一人の問題提起に対して、ほかの何人かが、全員二五秒から三〇秒以内で、プラスのコメントをします。プラスのコメントとは、「いいね！」にあたる良いと感じたこと、共感すること、賛同すること、肯定できること、承認できることを、数十秒以内で短くコメントすることです。

ほかのグループのメンバーの提案についても、同じように、短いリフレクションをしてもらいます。短いコメントだからこそ、反射する意味があるのです。「いいね！」の趣旨の話を何分も続けられては、ありがた迷惑な話になりかねません。ピカッと短い強い光にこそ、相手を動かすインパクトがあるのです。大きな「やる気」を引き出すのです。

また、大した提案もしていないのに、周囲から「いいね！」のプラスのコメントをもらうと、その場は照れくさいですが、つぎからはちゃんとした「いいね！」をもらえるように考えたり、アイデア集めをします。この前向きな行動を引き出すのはリフレクションです。

家庭でも使えます。夕食に出された料理に対して、リフレクションをしてみることです。

「オッ、これいいね！　美味しい」と言うだけで、奥さんの反応は変わります。さらに、子供たちにも順番に「いいね！」のリフレクションを求めたとしたらどうでしょうか。奥さんの料理は劇的に変わると思います。

■組合員の力、職員の力を引き出し組織力を高める
――エンパワーメントとコーチングの実践

二〇〇〇年のシドニーオリンピックの女子マラソン。見事に金メダルに輝いた高橋尚子選手ですが、二〇年もの時間が経過しました。高橋選手の栄誉を支えた髭のコーチを記憶しているでしょうか。小出義雄氏です。あの頃から、コーチの存在がクローズアップされ、最近では、テニスの四大大会で連続優勝をした大坂なおみ選手とコーチが話題になりました。いまでは、コーチという存在と役割の大きさを多くの日本人が理解することとなりました。

コーチが選手を育てるのは当たり前のことですが、ビジネスの世界でも、部下を育てる管理職という関係は変わっていません。いまでは、上司と部下といった関係にこだわらず、人間の能力を引き出し、活かすことの重要性が広く理解され、必要とされるようになって使われる言葉があります。

それが、エンパワーメント（Empowerment）です。直訳すると、「力をつける、与えるこ

と」、あるいは「権限の委譲」と訳されます。ビジネスで用いるときは「与えられた（業務）目標を達成するために、組織の構成員に自律的に行動する〝力〟を与えること」といわれています。また、別の和訳には「湧活」とあり、周囲の人びとに、夢や希望を与え、勇気づけ、人間が本来もっているすばらしい生きる力を湧き出させることであるとされています。

私はこのエンパワーメントについて一五年ほど前から注目し、外資系の会社やホテルなどを中心に経営の主要テーマとして取り入れられている例を学びました。そして、ＪＡのコンサルティングや研修のなかで活用しています。とくに、ＪＡのような協同組織の場合は人の組織ですから、もっともエンパワーメントが活かせる組織なのです。職員を育てること以外でも、本店と支店の関係、支店などの現場力を強くするＪＡ組織の活性を考えるのであれば、エンパワーメントの考え方やコーチング（Coaching）の技術の活用は、すべてのＪＡにとって重要な共通テーマであるといえます。

このエンパワーメントを実践するうえでコーチングという技術は、ＪＡ組織内での職員同士であっても、組合員との間であっても、活用することができるところが特徴です。しかも、職員の潜在的な能力を引き出し、やる気を引き出す技術はコミュニケーション・スキルであることがポイントです。

ビジネスにおけるエンパワーメントは「自律性」を促し「支援」することであるといわれます。ＪＡ組織において、この自律性を促すことの意味は非常に大きいのです。自律性は、わかりやすくいえば、指示されたり、言われたことをその通りにやるだけではなく、自分なりに考え、自分をコントロールしながら、自分なりの仕事にして進めていくことです。それらのことは、どちらかといえばJA職員は苦手です。

JAの組織の特性を考えれば、このエンパワーメントをもっとも活かしてほしいのは、JAの現場組織で組合員や農家と毎日のように接している職員です。そして、エンパワーメントの対象となるのは、組合員である農業経営者であり、農家のみなさんです。

JAや職員が、農業経営の生産技術のレベルアップの指導をするとか、農産物の品質向上や生産力を高めるためにアドバイスをする必要性のある農家と、そうではない農家とがいます。一律な対応ができなくなっているのが実態で、農家との接し方も、工夫と配慮が必要です。個別の農家や農業経営には、農業経営力の向上や農業生産への前向きな取組み姿勢、そのヒントとなる情報の提供や、一〇年後、あるいは五年後の農業経営に向けての目標や希望についての考え方、また、それを実現するために必要な課題を相談するなど、新たに挑戦すべき課題についての目標を一緒につくる話合いや安心感を醸成するアドバイスなどが必要です。それが、JAの営農指導員の役割ではないでしょうか。

そこで、このエンパワーメントを実際に行っていくうえで、どんな方法で実施するか。もっともポピュラーな方法はコーチングです。前述したように、スポーツコーチングは広く知られるようになりましたが、具体的な考え方や実際の方法については、まだまだ知られていません。

表３－２　コーチング・ティーチング・カウンセリングの違い

コーチング	・目標達成が目的　・未来志向　・答えを引き出す ・相手は必要な資質をもっている　・自己実現が目的 ・行動重視　・相手が主役（対等）
ティーチング	・目標達成が目的　・過去志向　・答えを与える　・結果重視 ・指導者が上位　・相手は知らない
カウンセリング	・癒しが目的　・過去志向　・処方箋を考える　・感情重視 ・カウンセラーが主役　・相手は自立していない

＊筆者作成

また、スポーツコーチングはきわめて個別性の高い内容をもっているため、難しいと思われがちです。しかし、コーチングはエンパワーメントを実現するためには、必須のスキルであるとともに、とくに難しいものではありません。

コーチングの基本的な考え方さえ学べば、誰にでもできるスキルです。ティーチングとの違いを知れば、コーチングの良さがわかると思います。コーチングは人を育てるために行いますが、それは目標達成が目的で未来志向です。答えはコミュニケーションを通じて気づかされるところに特徴があり、行動を重視します。相手は必要な資質をもっていると考え、コーチとの関係は対等です。これに対して指導する、教えることが目的のティーチングは、同じく目標達成が目的ですが、どちらかといえば過去志向で、答えは教え、しかも結果重視です。指導者との関係は指導者が上位ですから生まれる成果はコーチングと異なります。

ＪＡの組織では、コーチングの対等な関係がなかなか成立しにくいので、対等な関係にリセットすることがポイントです。

ティーチングと比較すると、コーチングが、いかに人に優しく、

図3－1　コーチングを実施する場合の基本「GROWモデル」

GROWモデルのGROWとは、英語の「育てる、人を成長させる」を意味するものです。GROWモデルは、コーチングを行う際のプロセスを表していて、GROWの頭文字をとって、Goal（目標の明確化）、Reality（現状の把握）とResource（資源の発見）、Options（選択肢の創造）、Will（目標達成の意志）からできています。

「育てる、人の成長を導く」という意味になぞった、コーチングを行う場合の基本モデルです。

〈GROWモデルのプロセス〉

Goal（目標の明確化）	めざす成果、目標を明確にする＝可能な限り具体的なものにする
⇓	
Reality（現状の把握）	めざす成果に対して現状（経緯）を認識する、強みや弱みを知る
⇓	
Resource（資源の発見）	自身の中にある活用できる資源（リソース）、周囲の環境などを確認する
⇓	
Options（選択肢の創造）	どのように実践していくかの方向と方法、リソース、強み、チャンスの活用
⇓	
Will（目標達成の意志）	第一歩を踏み出す、目標に向けて始動を意味する行動開始

＊筆者作成

ポジティブな人を育成する方法であるかがわかります。教えたがりで、威張りたがりの人はコーチングに向きませんから注意してください。（**表3－2**参照）

　そして、コーチングで活用するコミュニケーション・スキルは、傾聴するスキル、質問するスキル、承認するスキルの三つです。これらのスキルを駆使して、相手から考えやアイデアを引き出し、何を選択し、どう実行すればいいか、の答えを自分で見つけ出し、自分で実行する方法を考えるのです。コーチングのプロセスは、**図3－1**を参照してください。

　ちなみに、コーチングとティーチングのほかに、カウンセリングという接し方もあります。

　JAの職場には、とくに年配の職員で

コミュニケーションが苦手という人がいます。こういう人には、コーチングを通じて、スキルを高める意味は大きいように思います。また、コーチングは友人や仲間との間でも、家族間でも、活用できる身近なスキルですから試してみてください。コーチングで自分が活かされることに気づかされます。

■元気で、考える職員が、職場の風土を変える
――高い現場力と健康な職場づくり

ＪＡの職員でほとんどの人は、ほかの業態の職場のことは知らないでしょう。幸い私は、民間の会社組織やホテル、小売店などの職場を訪ねますし、会議にも出席しますから、ＪＡの職場と比較することができます。

たとえば、ＪＡの支店店舗。そこで感じることは、一言で言えば、「大人しくて、静かで、元気がない」職場が多いことです。もっといえば暗く感じます。これで、組合員やお客さまを迎えるというのは、サービス業の店舗としては〝落第点〟かもしれません。

とにかく、朝礼からして静かなものです。元気がありません。職場の全員が声を発することのない朝礼が圧倒的に多いという印象です。朝礼は、それぞれの机の前に立って行うことが多くバラバラな感じで、職員間の距離も遠いです。ですから、発言者の話はほとんど耳に入りま

せんし、記憶にも残りません。声が小さくて聞こえなくても、意見も言いません。朝礼が形式的で、あまり朝礼の意味や意義を意識しているとは思えないように感じます。

朝礼の第一の目的は、お互いの目が見える距離に集まることで、できれば、全員が三・五mの範囲内に集まり、お互いに目を見て、健康度、元気度を相互にチェックすることです。そこで、全員が一言ずつ、組合員のことや同僚のことで明るい、楽しい話題を三〇秒ほど話します。声を発することも大事です。職場長のあいさつも、ネガティブな苦情の話や本部からの注意事項などは朝礼では話さず、夕礼にします。

沖縄県のＪＡの支店では、朝礼の最後に職員全員で、元気よくハイタッチを七秒間ほどします。その後それぞれの持ち場につきますが、テンション（士気）は上がったままで仕事に向き合います。七年ほど前の支店長研修で提案して、多くの支店で取り組み始めました。現在もすべての支店で実施しているかどうかはわかりませんが、朝礼後のハイタッチは職員の表情を一気に変えること、間違いなしです。ちなみに、沖縄県では四月に入ると、ＪＡや銀行、役所の職員のみなさんは「かりゆしウェア」に衣替えしますから、それだけでも明るい元気な雰囲気を醸し出すことはできます。朝から高いテンションの雰囲気、明るい笑顔をもって職員が組合員やお客さまを迎え、接すれば、来店する組合員やお客さまからは素敵な笑顔が返ってきます。

元気が足りないのは、会議も一緒です。発言する人が決まっていたり、指名されないと話さない、発言は自分の担当する範囲内のことだけ、他部門のことで積極的に質問したり意見は言わないと決めているかのようで、無駄口もありませんから、意見が出なければ会議終了といった会議風景です。したがって、みんなで議論して決めることはめったにないようです。議論しないので、ホワイトボードや黒板などは一切使いませんから、考え方やキーワードを共有するという会議でもないので、基本的に会議録を作成しないというＪＡもありました。

こうした元気のない、意見の出ない会議の原因は、会議資料に理由があるように思います。一言でいえば、意見を出しても出さなくても会議資料通りで決まっていくことが、会議参加者には最初からわかっているからです。しかも会議資料は、中央会や連合会などから送られてきた資料を切り抜いたり、貼り付けした内容でつくられることが多いことから、とくに質問する意味がないことを参加者は知っています。したがって、会議は形式化しますし、時間つぶしのような会議もあるのです。会議をする意味がなければ、メールで配布して、目を通してもらい、スタンプをもらえばいいだけのことです。

こうしたＪＡの職場の〝慣例〟を〝文化〟だという人もいましたが、とにかく変えることが必要です。会議の見直しで一番に必要なのは会議時間です。最長で三時間、通常の会議で二時間以内、職員の会議は九〇分を超えないというように、時間を決めて会議を行うことです。例外があってもいいですが、決めておくことは必要です。つぎは、会議では全員が発言することを義務づけることです。忙しい時間を割いて会議に出席し、発言しないで済むというのは理解できません。もし発言しなくてもいいというなら、会議に呼ぶ必要のない人であるということです。

このほか、会議に関連して、いつもの同じ会場から別の会場に変えてみる。本店での会議を支店に場所を移したり、行政機関の会館や研修室などの部屋を活用する。役員会や幹部職員会議をホテルで開催したＪＡもあります。また、テーブルの配置を変える。いつも真四角なテーブルの配置を菱形に変えたり五角形にしたり（長期の戦略を検討する場合は米国のペンタゴン・国防省にならって）、参加者の席順、並び方を変えるだけで新鮮さを感じます。さらに、会議資料なしでホワイトボードだけで会議をすると、全員ホワイトボードに集中します。このような〝小さな変革〟を次から次へ実践することです。

私のコンサルティングでは、長期計画や将来ビジョンなどの原案ができた際に、非常勤理事や管理職を集めて、できるだけ多くの意見を聞く会議として、オープンディスカッションという会議形態で運営します。約一〇〇人の参加者を集め、二時間半程度の時間内で、一人が平均一〇分程度意見を述べる会議です。通常の会議では、二時間半の会議では、発言者はせいぜい六～七人で、それも質疑応答に終始します。それを、参加者の一〇〇人に全員一〇分程度で意見を話してもらうのです。会議の持ち方は、一〇卓のテーブルを用意し、そこに一〇人ずつ着席してもらいます。各テーブルには書記役の職員がいて、舞台回しの司会役もします。事前にテーマに沿って事務局の職員が問題提起をし、それに対して、各テーブルの全参加者が自分の考えや意見を話すという会議です。ルールは、一回一人の発言時間は二分までお願いします。

物事を決める会議ではなく、多くの参加者からたくさんの意見を収集する会議ですから、このような方式で十分に目的が果たせます。

このように、会議の目的や参集者数、議論の内容に応じて、資料、時間、場所を選択することです。とくに会議の形態は重要です。職員の会議では、資料の事前配付、事前レポートの提出、事前の職場ミーティングでの討議レポート提出など、可能な限り、変化のある会議になるよう工夫をすることです。物事をみんなで話し合う、決める、という職場にすることです。

■現場力を活かす組織への変革をめざそう
――組合員接点のフロント・ラインの自律化

いまから九年前に出版した拙著『組合員満足のＪＡ経営』（家の光協会）のサブタイトルは、「フロント・ラインからの強い組織づくり」でした。同書のなかで強調したかったのは、組合員や利用者との接点であるフロント・ラインの強化こそが、組合員満足にとって重要だと言いたかったのです。一昔前に提起した、このフロント・ラインからの強い組織づくりに関しての課題提起を、いまもまた、強調せざるを得ない状況ではないかと思っています。それはまた、ＪＡの事業組織を逆ピラミッド型に変更していかなければいけないという主張とも重なる部分です。

ＪＡの合併数こそ少なくなっていますが、ＪＡの支店数は確実に減少しています。それは、合併によってではなく、支店の再編整備を行うなかで店舗数が減少していることを示しています。現在もコンサルティングで、支店の再編整備に関する調査や計画の策定に関わっていますが、ＪＡによっては本末転倒の考え方のもとで再編整備を進めようとしている点があり、たいへん残念です。「支店カルテ」などの作成もなく、方針がつくられた例もありました。

支店の再編整備は誰のためにするのでしょうか。第一の目的は、組合員や地域の利用者に向けてのサービスの品質を高めるために行うことです。ＪＡの経営が厳しくなったから、小さな支店を統合して効率化するというのはあくまでもＪＡサイドのニーズであって過去志向です。再編による新たな店舗づくりは組合員志向であり、未来志向です。利用者ニーズに基づく店舗が第一の要件です。ですから、立地条件も建物の設計も、店内のレイアウト、店舗によるサービスの提供、職員の配置なども、すべては組合員志向です。ＪＡの中堅職員を中心としたプロジェクトチームが調査を行い、店舗のレイアウトを研究し、事業体制を考えて、店舗づくりのコンセプトを作成します。

ここで、あるＪＡの＜支店再編の目的＞を紹介します。

＜支店再編の目的＞

①組合員・利用者へのサービス・利便性を高め、来店者や取り引きを増やし、関係を深める店舗

②サービス・事業・経営の品質を高め、地域の信頼を得る、地域に貢献する店舗

③競争力のある特徴的な店舗。ＪＡの強みの発揮による地域ナンバー１をめざす店舗

④職員が資質を高める努力を行い、職員も働きやすい店舗
⑤事業コストを下げ、収益性を高め、ＪＡ経営の健全性に貢献する店舗

この内容が固まった段階で、地元組合員の代表や理事会などに提案して組織合意を図ります。そのコンセプトをもとにして、店舗設計会社を選び、図面化して、建設会社をコンペティションで選ぶという方式です。

こうした店舗づくりに向けた調査や研究を重ねて、積み上げていく過程では、新しい支店店舗の規模や管内地域の調査や研究を行っていきますから、支店と取引きする組合員の情報や店舗周辺地域のマーケットの状況なども詳細に把握できます。支店で完結できることも明確だし、来店者数の目標や一年後、三年後、五年後の事業目標の数値まで含めた長期計画もできるので、本店との事業目標の調整も難しくありません。

こうした手順で進めていけば、あらためてフロント・ラインの強化であるとか、現場力を強化するといった課題について考える必要はなくなります。再編計画づくりのプロセス共有で、自然と現場が判断し、計画化を図る力をもつことから、強い現場、自律型の店舗ができあがるのです。これからはフロント・ラインとそこで働くフロント・ライナーの資質や能力によって経営が左右されますから、彼らが主体的に働く条件と環境をいかにつくっていくかが経営者として、本部として求められることです。

強い現場をつくる方策を考えるのは中堅職員のチームであり、店舗づくりのプロセス、コン

セプトづくりを通じて、理想に近い店舗が誕生します。私がプロジェクトチームの職員にいつもお願いしているのは、「職員の休憩室は、明るい最高の場所に用意してくださいね」ということです。

■分権化のマネジメントとサービス力

ＪＡの事業組織は中央集権的な構造にできあがっており、それに階層型の組織が絡む格好で構造化されているように思います。ＪＡの総代会資料を見ても、多くのＪＡの組織機構図はピラミッド型のスタイルであり、この組織的な構造はたぶん五〇年変わっていないと思います。

協同組織であるＪＡとしては、高いサービスを提供する組織への変革の必要性を認識しているものの、現場に権限を委ねていくことについてはきわめて慎重であり、なかなか前進しません。その理由を経営者に尋ねれば、支店の経営を任せられる職員がいない、不安であるというのです。要は支店の経営能力、現場のマネジメント能力が鍵であり、直接的には職員の問題なのです。

ＪＡもサービス事業を行う組織ですから、現場組織に権限を与えていくことで、サービスレベルを高め、組合員の利用機会と利用度を高め、地域の利用者の拡大を図ることが重要であることは、十分に認識していると思われます。しかし、どこから手をつけていけばいいのかがみえないということではないでしょうか。その意味では、三年後の支店の姿、五年後の支店の姿というように、段階的に現場の将来の姿を考え、権能を拡大して職員を養成していくという計画を考えるのがベターですし、そのような計画を前提に支店の再編を行ったＪＡもあります。その場合は、やはり事前の調査や研究を、現場の職員と本店の職員のチームで前向きに情報を共有化していく方法がもっとも有効であると思います。現在の三〇歳前後の職員は、相当に優秀な職員がいますから、たとえ現場に配置されている職員であっても、リーダーシップを発揮して調査を行いますし、調査レポートも作成できますから、このプロセスを共有する管理者であれば、現場のマネジメントも難しくなく、近い将来の支店長候補です。

このような計画化によって、**図3－2**のようにＪＡの「分権化」への道が切り開かれ、組織改革を通じて逆ピラミッド型の事業組織への移行ができていくと考えています。しかし、長年続けてきた伝統的な本店主導による事業運営について、組合員との接点を重視し、権限を委譲していく組織に変えていく取組みを一気にＪＡ全体で行うことは難しいと思います。そこで、すべての支店の立地環境や事業規模、配置する職員数、来店客数や取引口座数などから、支店を三つから五つのグループに分類します。このグループ単位で、権限委譲の進捗を考えればいいのです。その進捗に合わせて、人材の育成や店舗の改修と戦略化などの計画化を図ることです。また、このグループごとの状況に合わせて、支店店舗の改革のスピードを考えればいいの

図３－２　JAの運営組織とこれからの事業組織

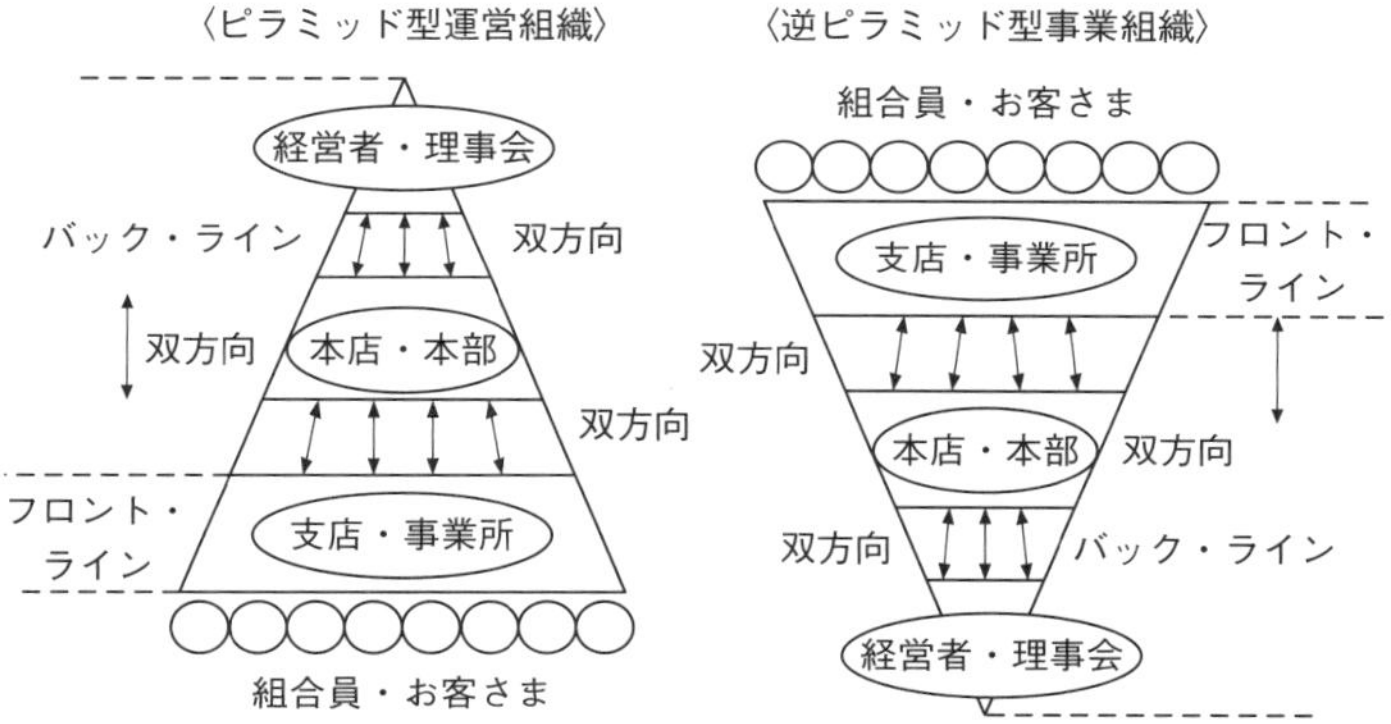

＊筆者作成

です。それまでの時間は、支店ごとの自己変革や学習意欲の高い職員のチーム化、職場リーダーによる勉強会での検討を行います。

私がコンサルティングしたあるＪＡでは、支店内の女性職員のチームが、オリジナルの「支店窓口サービスマニュアル」の作成を行ったり、別の支店では、女性職員による店舗周辺の活動を通じて、農産物直売の朝市を企画し、地元のＪＡ理事や農家を動かして毎週朝市を運営していました。支店独自の取組みを主体的に行う女性職員の力は恐るべし、と思ったものです。

支店の現場には、優秀な職員がいます。それに気づかない、活かせない本店や本部の現場をみる能力の向上、仕組みづくりが期待されます。頼れる職員がいる支店長は、前向きな職員の活動を積極的に支援します。一方で、もう権限は要らない、仕事が増えるばかりで、責任も重くなるから、と消極的な支店長もいることは事実です。その支店長の下で働く前向きな職員は腐ってしまう危険を孕んでしまいます。できれば、支店の分権化を進める計画化のなかで、中堅的な職員の抜擢による支店長配置も考えていくべきです。

昨今のように事業が低迷して、長期的な収益性に不安を感じるような状況では支店のマネジメントを考える支店長像には、前向きでエネルギッシュな人物のほうが責任感が強く、チャレンジ精神も旺盛で、中堅職員もよく動き、思い切った営業対策が期待できると思われます。

二五年ほど前、『学習する組織――システム思考で未来を創造する』（英治出版）の著者のピーター・M・センゲは、二冊目のベストセラー『最強組織の法則――新時代のチームワークとは何か』（徳間書店）で、「人は、自分の運命を左右するのは自分だとわかってはじめて進んで学習する」とし、「真に責任をもって行動するとき、学習する速さは最大になる」と書いています。

■組合員のアイデアと力を活かして施設運営を
――組合員力で施設経営、そのカギは女性と准組合員

この二〇年あまりで、ＪＡの事業で大きな変化は何かといえば、直売所事業の拡大ではないかと思います。最新のデータではありませんが、二〇一四年度のＪＡが運営する農産物直売所

のうち二〇六〇の直売所を集計した結果をみると、年間販売金額の総額は三二六六億円であるといいます。年間販売金額別でみると、「一〇〇〇万～五〇〇〇万円」が二九％、「五〇〇〇万円～一億円」が一二％、「一億～三億円」が二八％、「三億円以上」が一五％です。品目別の販売金額の上位は、野菜類で一二〇〇億円、つぎが果実類四六二億円、農産加工品三七二億円、花き・花木三二〇億円、米は二一九億円の順です。一直売所当たりの出荷者数は二四二戸。一〇〇～二九九戸の規模がもっとも多く三四％を占めています。出荷者数が一〇〇〇戸以上の直売所はわずか二・五％だから小規模が多いです。ちなみに、出荷者から手数料を徴収している直売所は全体の九八％で平均手数料は一四・六％です。

関東でＪＡの直売所の草分け的な存在のＪＡ千葉みらいの直売所「しょいか～ご」は、近年、多店舗化を進めており、二〇一七年度の実績は五店舗で二五億円の売上げ実績を重ねています。二〇一七年三月に東京・練馬店をオープンさせ、四月に京成千葉中央駅内にも出店。出荷登録農家数九九五人。このうち女性は三割を占めるといいます。一〇年前に年間出荷額が一〇〇〇万円以上の農家は八人でしたが、現在は二四人。二〇一六年からは宅配サービスを開始しており、一〇〇〇円以上の注文で、千葉店の一㎞以内で行っているということです。

ＪＡの直売事業は、出荷する農家数、直売所を利用する消費者数、双方にとって意味のある〝地域密着型事業〟として着実に成長しているといえます。しかしながら、その運営に関しては、けっして安定して成長を続けているとはいえない状況にあるのも事実です。ＪＡによっても経営内容は異なりますし、直売所ごとでも異なります。コンサルタントの立場からいえば、事業経営的な計画性や経営数値に基づき、早期に対策に取り組む体制づくりをはじめ、出荷農家組織との連携・調整、利用する消費者の動向分析やキャンペーンのＰＲなど、すぐに取り組みたい課題は多いように思います。

少し話は変わりますが、ＪＡは准組合員問題について制度的な課題を抱えています。一五年ほど前、私はあるＪＡで農産物の直売所を建設するにあたってのコンサルティングをしていました。直売所の店舗で働いてくれる人を募集するというときに、ある准組合員の女性に相談したところ、准組合員の仲間に話をしてくれて、一時、直売所の運営を准組合員の女性たちにお願いした経緯があります。そのときに、彼女たちには、直売所に出荷する農家へ、出荷する野菜の荷姿や品薄の野菜づくりについて、具体的に取り組んでもらいたいことなど、率直な話を農家にしてもらいました。一方で、准組合員の仲間や一般の消費者のみなさんに口コミで直売所を宣伝してもらったり、サービス券の配布や消費者の会員組織づくりの提案など、とにかく積極的に前向きな提案活動を行ってくれたのです。このときの准組合員の女性のみなさんの存在の大きさには驚かされたものです。

そこで、私は、ＪＡが運営している直売所の施設の経営について、たとえば「直売所経営委員会」のような組織を立ち上げ、経営委員として女性の准組合員の代表にメンバーになってもらい経営に当たる方式を考えました。現在、いくつかのＪＡにおいて、その仕組みを取り入れてみようと検討をしています。この方式は、農産物の直売所だけでなく、福祉関連の事業施設、農産物の加工関係の施設においても「経営委員会」を設置して協力をお願いすることを検討しています。このほか、ＪＡの支店などの金融店舗の運営委員会のような組織においても検討に値する方式であると思います。形式的な委員会から脱皮することです。

先述したＪＡの施設に関しては、正組合員であるか准組合員であるかの区別はなく、また、男性か女性の区別なく知恵を出してもらい、利用者の立場から率直な提案をしてもらうことが大事です。准組合員を総代として委嘱し、各種の会議で発言していただくという方法も悪くないと思いますが、私は、直接的にＪＡの施設経営の委員として役割を担ってもらい、経営についての実質的な参画をお願いするという考え方です。女性と准組合員の意志反映が未来のＪＡづくりの最大のキーワードだと思います。

このように考えて、性別、正組合員と准組合員という分け方に関わらず、ＪＡの施設や支店などの運営に積極的に組合員に関わってもらう仕組みを整備するのも一法であると思います。

■ＪＡ綱領をもっと身近に、実践的に活用を
――組織・事業・経営の数値化を

筆者がＪＡの会議やイベントに呼ばれたりすると、開会の前に「ＪＡ綱領」の唱和をします。

意味のあることだとは思っていますが、ただ唱和するだけではなく、もう少し「ＪＡ綱領」の扱い方を考え直してもいいのではないか、と思ったりもします。

ＪＡの事業組織の紹介では、貯金残高や貸出金残高、長期共済保有高、販売高などが事業の代表的な数値であって、組織・事業・経営に関する特性やその数値・データについて、もっと積極的に公開することも必要であると思います。それは、ＪＡの職員にとっても、組合員にとっても、ＪＡの組織や事業活動の理解度が上がり、親近感が増すと思うからです。

さらに、ＪＡを主要事業の規模だけで捉えるだけでなく、「ＪＡ綱領」にあるようなＪＡの社会的な存在としての組織価値や、活動内容、社会貢献に関する実績、組合員の意思反映の実態や地域社会との関係上の個別数値の動向、目標とその達成度などを数値化することで、自己評価による課題の見える化を行うこともできるはずです。また、ＪＡが抱えている課題の社会化（組合員・利用者の存在、取引関係の地域シェアなど）を図ることもできます。

あげればきりがありませんが、ＪＡの組織・事業・経営について可能な限り特徴や良さをアピールして、ＪＡへの理解を促すような取組みは、もっと広範囲で行う必要があると思います。なかでも、ＪＡ綱領は、一般の人にもわかりやすい項目があり、ＪＡを理解するにはよいものであるだけに、その数値化をすることで、より身近な存在に感じてもらえる人も少なくないと思われます。

そこで、「地域農業の振興とわが国の食と緑と水を守ろう」という項目をどのように数値化するのかを考えてみたいと思います。

まずは、ＪＡの管内地域における農業の現状について、農林業センサスのデータを使って、農家数（経営体数）・農業者数・農地面積、生産額、品目別生産額など主要指標を詳細に紹介します。また、紹介した数値の五年、一〇年前のデータとの比較による数値の増減などを紹介します。

それをもとにして、地域の農業特性、生産農家の実情と傾向、ＪＡの組合員・農家および農業経営者の経営能力、行政機関、地域の諸団体・企業との支援・協力関係の状況、地域の農業振興に取り組む行政の方針・計画、具体的な農産物別の内容を数字で表現してみます。

このような数値を調べて公表することで、地域の農業の実情を理解してもらうことにつながるように思います。何よりもＪＡの役職員にとっても農林業センサスのデータを把握したり、行政組織との連携や協力の状況を調べて公開することは、ほんとうに大きな意味があるように思います。

これまでＪＡにおいて、こうした数値やデータを紹介して、管内の農業の実態を紹介するケースは少なかったように思います。農家（経営体）や農業の実態、生産規模などの地域農業の実態を整理し、継続して情報発信することです。

ＪＡの実情もめざす姿も、とにかく地域のみなさんに情報発信し、ＪＡの将来の姿を理解してもらうことです。自信をもって。

おわりに

ＪＡは組合員によるメンバーシップ組織であるがゆえに、民間企業よりも効率的で合理性のある事業・経営体をめざし、地域社会で企業のモデルとなるような組織をめざすべきであると考えてきました。現在、熱血漢で人格者のリーダーシップだけで経営ができる時代ではなくなりつつありますが、正直で、誠実で、信頼性に応え、倫理感の高い経営を行うことは何よりも差別化でき、自慢できると思いますし、しっかりと社会にアピールしたいことです。

そのうえで、組合員数や事業規模が大きくなり、職員数が五〇〇人を超えるようになると、経営を管理するための手法を進化させる必要があります。ビジネス・ツールやセオリー、フレームワークの活用は避けられません。なぜなら、組合員のための事業や経営施策を考えたり、スピード感のある対応や判断が求められるようになると、本店・本部の過去の経験や組合員・顧客をもたない連合組織の方針などでは、きめ細かい対応ができないからです。常に考え、行動する現場や職員が必要になります。ＪＡの経営者や幹部職員に理解されない「ビジネス用語」はたくさんあります。「あなたの提案書にはカタカナ語が多すぎる」と内容以前の問題で非常勤理事から叱られることはしばしばでした。そこで、『カタカナ語ガイダンス』を役職員用に作成し、いまもコンサルティングや研修で使用しています。それに続いて、『マーケティング用語ガイダンス』の作成もしました。〝農協用語〟だけでなく、ビジネス用語の理解・共有がないと、検討も研究も会議も前に進みません。

ところで、「JAらしさ」という言葉が使われていますが、「らしさ」では差別化にならないことに気づいたJAは多いと思います。組織の特性や事業・経営の違いを明確にし、それをめざすことが必要だと考える経営者や幹部職員は少なくないはずです。私は、「人と社会の変革のために」存在し、活動するのが協同組織であり、その目的は現代社会でも、これからも不変であると思っています。そして、経営者や幹部職員のみなさんが、将来の組織の姿を描き、農業、組合員の暮らし、地域社会をどうしたいのかの考えを示すことが大切です。

考えてみれば、この二〇年余り、私の仕事の一つは、JAの経営者や幹部職員の思いやアイデアを「画や図」に描くことだったと思っています。事業や経営の成績や実績を上げるためには、マーケティングの思考とスキルを使って、事業機能を発揮する体制と目標を変え、職員の働き方を少し変えるだけである程度の結果が生まれます。しかし、そこで満足しては〝ただの事業体〟です。社会的な意義と目的を掲げ「JA綱領」にある組織をめざすには、将来の目標とする姿を描くことが必要です。そのことでは、組合員の共感が得られ、職員の将来への安心感を醸成するのです。

目先の事業の目標や収益だけに右往左往するJAに対して、組合員や地域のみなさんが期待し、職員がモチベーションを高めるとは思えません。経営とは持続的成長が大きな目的ですが、事業が伸び、収益が上がることだけが成長ではなく、組合員の期待や希望を受け止め、それに応えるクオリティ、サービスの質を高めることも成長なのです。ＪＡの将来の姿を描き、目標に数字をつけ、長期の構想とともに、ＪＡ自身の「基本理念・行動指針」をつくることです。そのためには、ＪＡの過去の三か年の事業実績からは何も生まれませんし、未来志向の計画はできません。とにかく、国勢調査や農林業センサス、農業集落調査のデータ、各市町村の「総合計画」や農業マスタープランに目を向けることです。

自分たちで考える、自分の言葉で話し、自分たちで文章をつくる、そのために調べる、議論するという、当たり前の組織文化をつくるお手伝いも私の仕事の一つだったように思います。連合組織が示す方針や文章をコピーして、隣のＪＡの資料とほとんど同じ文章だったという話は何回も経験しましたし、前年の計画書の文書を差し違えても誰も気づかなかった、という笑えない話もありました。とにもかくにも、自分たちの組織や経営の将来について、自分たちで考え、描き、方針にすることです。

そして、組織を変えるのは、経営者や職員ではなく、組合員であることも確認してほしい点です。准組合員に問題意識が向かっているように思いますが、女性の組合員や三〇代・四〇代の組合員にも、しっかりと目を向け、組織を変えるアイデアとエネルギーを発揮してもらうことです。なかでも、女性の組合員に見放されたらＪＡの将来はないのではないか、と危惧します。あらためて、民主的な運営についての細やかな具体策を考えて実行してほしいです。

最後に、「ＪＡの改革は経営者から」です。役員が変われば、ＪＡが変わりますし、職員も変わると思っています。残念ながら、かつて、長年職員をやってきたから学識経験理事は務まると、勘違いしたと思われる人が役員室にいました。いまは、そんな経営者はいませんが、ＪＡの常勤役員には、もっとはっきりとした将来目標や明確な方針を主張してもらいたいと思います。そのためには、組合員や職員との議論の場でさまざまなアイデアを掬い上げ、検討する日常的な仕組みをつくることが必要です。

人の組織の強さを活かすためには、面倒な仕掛けや手続きが必要になりますが、幸い、情報通信技術の進歩やその活用の幅広さは、ＪＡの組織的な課題を克服するための答えと、容易な手段のための十分なヒントを提供してくれるといえるでしょう。

いずれにしても、ＪＡ自身がもっていない知恵とノウハウは、すみやかに外部から取り入れ、一緒に考えてもらうことです。実行と変革・成果をより早く生み出すために。

●著者紹介●

伊藤　喜代次（いとう・きよじ）　**株式会社A・ライフ・デザイン代表取締役**

1951年長野県生まれ。経営雑誌編集長やシンクタンク研究員などを経て、1983年株式会社A・ライフ・デザインを設立。JAや地方の企業や組織の事業・経営コンサルティング、職員・社員の教育・能力開発研修などを行う。

著書に『異常が正常—生き残りをかけた地域金融機関のたたかい』（共著、BKC）、『サービス・リレーション　組合員・お客さまとの「関係」づくり』（BKC）、『組合員満足のJA経営　フロント・ラインからの強い組織づくり』（家の光協会）ほか。

A・ライフ・デザイン
ホームページ：www.ald.co.jp/
E-mail:ito@ald.co.jp

装丁　エジソン
本文DTP　Design Labo よこやま

これからのJA強化書
未来志向の組織づくりのヒント

2019年4月20日　第1版発行

著　者　伊藤 喜代次
発行者　髙杉 昇
発行所　一般社団法人 家の光協会
〒162-8448　東京都新宿区市谷船河原町11
電話　03-3266-9029（販売）　03-3266-9028（編集）
振替　00150-1-4724
制　作　株式会社家の光出版総合サービス
印刷・製本　中央精版印刷株式会社

落丁や乱丁本はお取り替えいたします。定価はカバーに表示してあります。

ISBN978-4-259-52197-4 C0061